Gloggengießer Kröplin Lhotzky

Mathematik in der Sekundarstufe I

Trigonometrie

programmiert

Mathematik in der Sekundarstufe I

Gloggengießer Kröplin Lhotzky

Trigonometrie

programmiert

mvg

CIP–Kurztitelaufnahme der Deutschen Bibliothek

Gloggengiesser, Helmut:
Mathematik in der Sekundarstufe I [eins] :
programmiert / Gloggengiesser ; Kröplin ;
Lhotzky. – Landsberg am Lech : mvg

NE: Kröplin, Eckart:; Lhotzky, Alexander:
→ Gloggengiesser, Helmut: Trigonometrie

Gloggengiesser, Helmut:
Trigonometrie : programmiert / Gloggengiesser ;
Kröplin ; Lhotzky. – Landsberg am Lech :
mvg, 1982.
(Mathematik in der Sekundarstufe I / Gloggengiesser ; Kröplin ; Lhotzky)
ISBN 3-478-03880-4

NE: Kröplin, Eckart:; Lhotzky, Alexander:

Wolfgang Dummer & Co., 8910 Landsberg am Lech
Satz: Satzstudio Pfeifer, Germering
Druck: WB-Druck, GmbH & Co., Füssen
Bindearbeiten: Thomas Buchbinderei, Augsburg
Printed in Germany 030 880/782 302
ISBN 3-478-03880-4

Vorwort

Die „Trigonometrie" enthält den Geometriestoff einer 10. Klasse. Sie befaßt sich mit Dreiecksberechnungen und den Eigenschaften der Winkelfunktionen, soweit diese für Mathematik, Physik und Technik von Bedeutung sind. Die Darstellung ist straff. Überflüssiger Ballast ist weggelassen. Wir wenden uns an Leser, die es eilig haben.

Vorausgesetzt werden neben geringen geometrischen Kenntnissen Quadratwurzeln und quadratische Gleichungen. Haben Sie diese Vorkenntnisse nicht, so arbeiten Sie bitte, bevor Sie mit der Trigonometrie beginnen, die ersten sieben Abschnitte der „Quadratischen Gleichungen und Funktionen" durch.

Das Buch ist programmiert. Sie brauchen also keinen Lehrer. Sie arbeiten selbständig, so schnell oder auch so langsam, wie es Ihnen paßt.

Der Stoff ist in 17 Lehrprogramme aufgeteilt mit durchschnittlich 10 Lernschritten oder „Frames". Jedes Frame enthält eine Information und im Anschluß daran eine kleine Aufgabe, die Sie nur dann lösen können, wenn Sie die Information verstanden haben. Sie sind so gezwungen, ständig über das Gelesene nachzudenken. Hin und wieder sind Tests eingestreut. Sie zeigen Ihnen, ob Sie genügend wissen, um sinnvoll weiterarbeiten zu können. Sofern Sie einen Test nicht schaffen, arbeiten Sie die entsprechenden Kapitel nochmals durch.

Wenn Ihnen der Stoff dieses Bandes neu ist,

sollten Sie das Buch vollständig durcharbeiten. Legen Sie sich bitte ein Heft an, in das Sie die Lösungen der Aufgaben eintragen. Beginnen Sie mit Frame A 1. Vergleichen Sie Ihr Ergebnis mit den Lösungen auf Seite 111. War die Antwort richtig, gehen Sie zum nächsten Frame über. War die Antwort falsch, lesen Sie die Information noch einmal aufmerksam. Sie werden anhand der richtigen Lösung leicht feststellen, wo Ihr Fehler lag. Arbeiten Sie so schrittweise das ganze Programm A durch. Überspringen Sie kein Frame, denn jedes Frame enthält eine wichtige Information.

Wollen Sie diesen Band nur zur Wiederholung verwenden,

beginnen Sie mit Test I auf Seite 31. Konnten Sie dort Test A nicht bewältigen, nehmen Sie sich Abschnitt A vor, sonst überspringen Sie diesen usw. Diesen Weg werden Sie vor allem dann wählen, wenn Sie als Schüler eines Gymnasiums oder einer Realschule zu „schwimmen" beginnen und Ihre Lücken mit möglichst geringem Zeitaufwand schließen wollen.

Alle Zahlenwerte der trigonometrischen Funktionen entnehmen Sie dem elektronischen Taschenrechner, mit dem Sie auch die notwendigen Rechnungen durchführen. Wie man beides oft in einer einzigen Tippfolge bewältigen kann, wird an passenden Stellen erläutert. Da diese Rechner je nach Bauart mit unterschiedlicher Genauigkeit arbeiten, sind in diesem Buch alle Ergebnisse auf wenige Stellen gerundet angegeben.

Inhaltsverzeichnis

I. Teil: Die Trigonometrie des rechtwinkligen Dreiecks

A Sinus, Cosinus und Tangens

A 1 Im rechtwinkligen Dreieck liegt dem rechten Winkel die längste Seite gegenüber. Sie heißt die „Hypotenuse". Die anderen beiden Seiten sind die „Katheten". α sei der eine der beiden spitzen Winkel. Dann heißt die Kathete, die α gegenüberliegt, die „Gegenkathete" von α. Die andere Kathete nennt man die „Ankathete" von α.

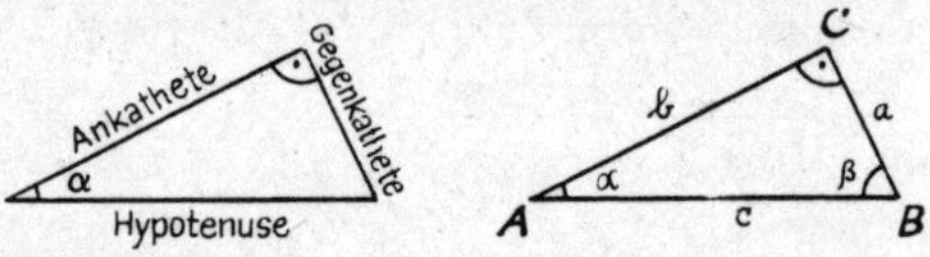

Das Dreieck ABC hat die Seiten a, b und c. Welche Seite ist Hypotenuse? Welche Seite ist Ankathete, welche Gegenkathete von β? (Antwort auf Seite 111)

A 2 Rechtwinklige Dreiecke, die in einem der spitzen Winkel übereinstimmen, unterscheiden sich nur in der Größe, nicht jedoch in der Form: Sie sind „ähnlich". Das Verhältnis zweier entsprechender Seiten ist in beiden Dreiecken das gleiche.
Ist $\alpha = \alpha'$, dann ist z.B. $a : c = a' : c'$.

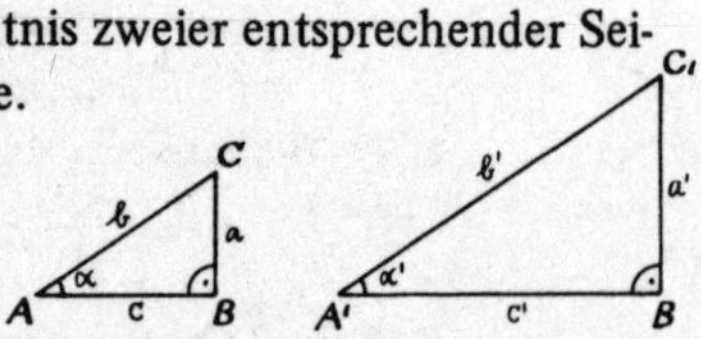

In Δ ABC sei $c : b = 4 : 5$. Wie groß ist b', wenn $c' = 8$ ist?

A 3 In rechtwinkligen Dreiecken mit gleichen Winkeln sind die Seitenverhältnisse gleich. Diese haben besondere Namen. Das Verhältnis der Gegenkathete zur Hypotenuse heißt „Sinus", abgekürzt „sin". Der Sinus von α ist also das Verhältnis a : c, in Zeichen : $\sin \alpha = \frac{a}{c}$. Der Wert hängt nicht von der Größe des Dreiecks, sondern nur vom Winkel α ab. Mit anderen Worten: Das Verhältnis ist eine Funktion von

α. Man nennt diese Funktion die „Sinusfunktion". Ist die Gegenkathete 2, die Hypotenuse 5, wird also $\sin \alpha = \frac{2}{5} = 0{,}4$.

In einem anderen rechtwinkligen Dreieck sei die Hypotenuse 5 und $\sin \alpha = 0{,}8$. Wie groß ist in ihm die Gegenkathete von α?

A 4 Im rechtwinkligen Dreieck gilt

$$\text{Sinus} = \frac{\text{Gegenkathete}}{\text{Hypotenuse}}$$

Das Verhältnis der Ankathete zur Hypotenuse heißt „Cosinus", abgekürzt „cos":

$$\text{Cosinus} = \frac{\text{Ankathete}}{\text{Hypotenuse}}$$

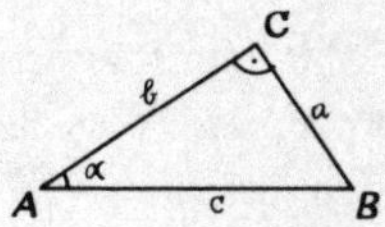

In $\triangle ABC$ ist also $\cos \alpha = \frac{b}{c}$.

In $\triangle ABC$ ist $\gamma = 90°$, $a = 6$ und $c = 8$. Wie groß ist $\cos \beta$?

A 5 Da im rechtwinkligen Dreieck die Gegenkathete stets kleiner ist als die Hypotenuse, ist das Verhältnis

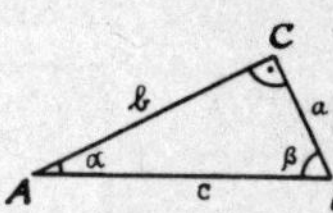

$$\frac{\text{Gegenkathete}}{\text{Hypotenuse}}$$

eine Zahl zwischen 0 und 1. Es gilt also für jeden spitzen Winkel α:

$0 < \sin \alpha < 1$.

Zwischen welchen Zahlen liegt der Cosinus eines spitzen Winkels?

A 6 Im rechtwinkligen Dreieck heißt das Verhältnis aus Gegenkathete und Ankathete „Tangens":

$$\text{Tangens} = \frac{\text{Gegenkathete}}{\text{Ankathete}}$$

Man kürzt Tangens mit tan ab. Für die Figur aus A 4 gilt also

$\tan \alpha = \frac{a}{b}$, $\tan \beta = \frac{b}{a}$.

Wie groß ist $\tan \alpha$, wenn die Gegenkathete von α gleich 4,5 und die Ankathete 7,5 ist?

A 7 Sie können für jeden Winkel Sinus- und Cosinus-Wert näherungsweise bestimmen. Sie zeichnen dazu ein rechtwinkliges Dreieck mit dem gegebenen Winkel, messen Gegenkathete bzw. Ankathete und Hypotenuse ab und dividieren die Längen. Besonders bequem wird diese Division, wenn Sie die Hypotenuse gleich 1 wählen. Denn dann ist die Maßzahl der Gegenkathete gleich dem Sinus und die Maßzahl der Ankathete gleich dem Cosinus.

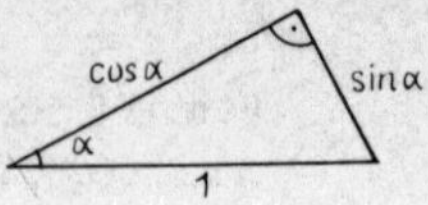

Zeichnen Sie ein rechtwinkliges Dreieck mit dem Winkel 30° und der Hypotenuse 1 dm. Messen Sie die Länge der Katheten. Wie groß sind also a) sin 30° und b) cos 30°?

A 8 Um einen Tangenswert graphisch zu bestimmen, zeichnen Sie am besten ein Dreieck mit der Ankathete 1. Dann ist die Gegenkathete tan α.
Bestimmen Sie zeichnerisch tan 60°.

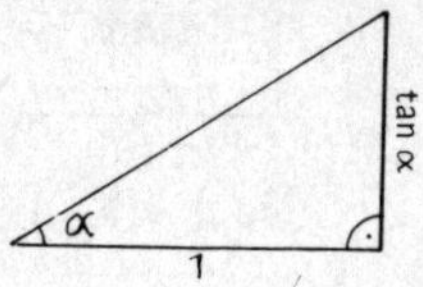

A 9 Nach dem Lehrsatz von Pythagoras gilt in jedem rechtwinkligen Dreieck:

> Das Quadrat über der Hypotenuse ist gleich der Summe der Kathetenquadrate.

Das Dreieck ABC mit den Seiten $a = 3$, $b = 4$ und $c = 5$ ist rechtwinklig, denn es ist:

$3^2 + 4^2 = 5^2$.

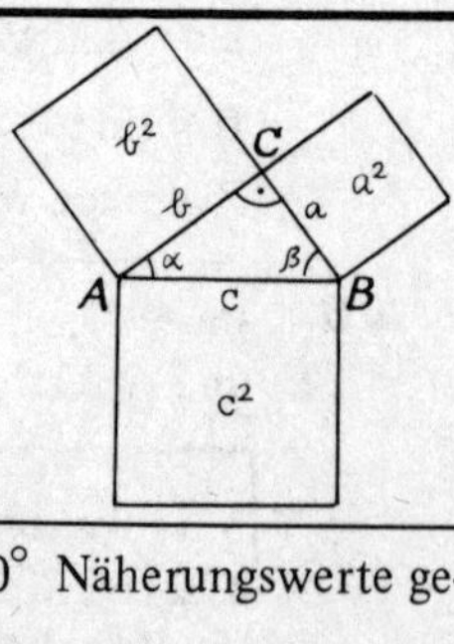

Wie groß sind sin α, cos α und tan α in diesem Dreieck?

A 10 Zeichnerisch haben Sie für sin 30° und cos 30° Näherungswerte gefunden. Um die exakten Werte zu berechnen, ergänzen Sie die linke Figur zu einem gleichseitigen Dreieck.

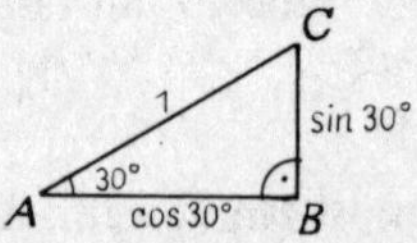

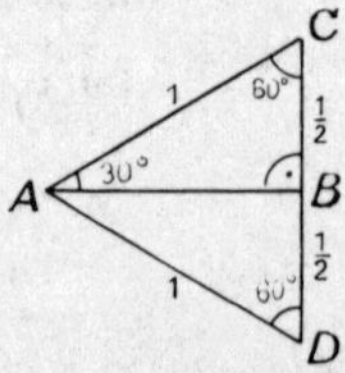

Wegen $|BC| = \frac{1}{2}\,|DC| = \frac{1}{2}$ ist

$$\boxed{\sin 30^\circ = \frac{1}{2}\,.}$$

Für die Höhe $|AB|$ des gleichseitigen Dreiecks gilt nach Pythagoras

$$|AB|^2 = 1 - \left(\frac{1}{2}\right)^2 = 1 - \frac{1}{4} = \frac{3}{4}\,; \quad |AB| = \frac{\sqrt{3}}{2}\,.$$

Also ist

$$\boxed{\cos 30^\circ = \frac{\sqrt{3}}{2}\,.}$$

Lesen Sie tan 30°, sin 60°, cos 60° und tan 60° ab.

A 11 Rechtwinklige Dreiecke mit einem Winkel von 45° sind gleichschenklig. Ihre Katheten sind gleich lang. Also wird

$$\sin 45^\circ = \frac{a}{c} = \frac{b}{c} = \cos 45^\circ:$$

$$\boxed{\sin 45^\circ = \cos 45^\circ}$$

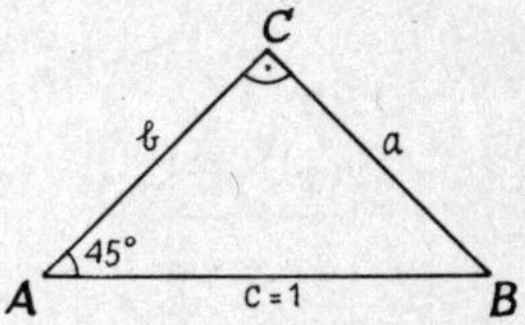

Sie können sin 45° nach dem Satz des Pythagoras ausrechnen:
Aus $a = b$ folgt für $c = 1$:

$$a^2 + a^2 = 1,\ 2\,a^2 = 1,\ a^2 = \frac{1}{2}\ ,\ a = \frac{1}{\sqrt{2}} = \frac{\sqrt{2}}{2}\ ,$$

$$a = \sin 45^\circ = \cos 45^\circ = \frac{\sqrt{2}}{2} = 0{,}707.$$

Wie groß ist tan 45° ?

A 12 Weil die Winkelsumme 180° beträgt, ergänzen sich im rechtwinkligen Dreieck die beiden spitzen Winkel zu 90°.
Ist der eine α, so ist der andere sein „Komplementwinkel“ $90^\circ - \alpha$.
a ist zu α Gegenkathete, zu $90^\circ - \alpha$ jedoch Ankathete. Es ist

$$\sin \alpha = \frac{a}{c} \quad \text{und} \quad \cos(90^\circ - \alpha) = \frac{a}{c}\,.$$

Beide Werte sind gleich. Es gilt daher die „Komplementbeziehung“

$$\sin \alpha = \cos (90^\circ - \alpha)$$

Zeigen Sie: Der Cosinus eines Winkels ist gleich dem Sinus des Komplementwinkels:

$$\cos \alpha = \sin (90^\circ - \alpha)$$

A 13 Für sehr kleine Winkel α wird die Gegenkathete im Vergleich zur Hypotenuse klein.

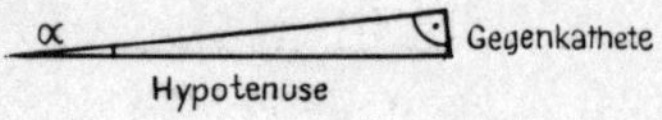

Damit wird auch $\sin \alpha$ sehr klein. Sein Zahlenwert nähert sich der Null. Man setzt deshalb

$$\sin 0^\circ = 0.$$

Nähert sich der Winkel 90°, so sind Hypotenuse und Gegenkathete kaum noch voneinander verschieden. Ihr Verhältnis nähert sich 1. Wir setzen daher, obwohl auch in diesem Fall schließlich kein Dreieck mehr vorhanden ist,

$$\sin 90^\circ = 1.$$

Was ist a) $\cos 0^\circ$ und b) $\cos 90^\circ$?

A 14 Für sehr kleine Winkel α ist auch das Verhältnis der Gegenkathete zur Ankathete, also der Tangens, sehr klein. Man setzt

$$\tan 0^\circ = 0.$$

a) Wie groß können die Werte der Tangensfunktion werden?
b) Ist $\tan 90^\circ$ definiert?

A 15 Die Werte der trigonometrischen Funktionen lassen sich mit Taschenrechnern bestimmen. Um z.B. $\sin 54{,}3^\circ$ zu erhalten, tippen Sie

54.3 [sin] und bekommen den Wert 0,8120835 angezeigt.

Wir werden in diesem Buch der Kürze halber Ergebnisse nur mit drei oder vier Ziffern mitteilen, würden oben also 0,812 oder 0,8121 schreiben.

Sie müssen auch folgendes beachten: Die meisten Rechner können die trigonometrischen Funktionen nicht nur dann angeben, wenn der Winkel in den üblichen Altgrad (mit 90° für einen rechten Winkel) eingegeben wird, sondern verarbeiten auch andere Winkelmaße. Die Gebrauchsanleitungen sprechen hier vom „Winkelmodus". Wenn Sie Ihren Rechner einschalten, steht er immer im Modus Altgrad. Dieser wird oft durch DEG (Abkürzung für das englische Wort degree für Altgrad) angezeigt. Ob er bei Ihrem Rechner so oder anders gekennzeichnet wird und wie man von einem Modus auf einen anderen umschaltet, steht in der Gebrauchsanweisung.

Wie groß sind a) sin 12,3°, b) sin 88,7°, c) sin 0,5°?

A 16 Um cos 10,4° zu finden, tippen Sie 10.4 [cos] und erhalten 0,9836.

Zur Bestimmung von tan 47,2° tippen Sie 47.2 [tan] und erhalten 1,0799.

Wie groß sind a) cos 11,7°, b) cos 0,8°, c) tan 10,3°, d) tan 87,3°?

A 17 Mit dem Befehl [INV] oder auch [arc] erhalten Sie umgekehrt zum Sinuswert den zugehörigen Winkel. Ist z.B. sin α = 0,9461 gegeben, liefert die Tippfolge

.9461 [INV] [sin] den Winkel α = 71,10°. Ebenso bekommen Sie zu cos β = 0,9461 mit den Befehlen .9461 [INV] [cos] den Winkel β = 18,90° = 90° – 71,10° und zu tan γ = 0,9461 mit .9461 [INV] [tan] schließlich γ = 43,41°.

Geben Sie die Winkel zu sin α = 0,2487, sin β = 0,3518, cos γ = 0,9851, tan δ = 2,5615 an.

A 18 Wir vergleichen Sinus- und Tangenswerte für kleine Winkel. Es ist sin 1° = 0,01745, tan 1° = 0,01746, aber sin 0,1° = 0,001745328, tan 0,1° = 0,001745331. Während sich sin 1° und tan 1° noch deutlich unterscheiden, geben manche Taschenrechner den Unterschied von sin 0,1° und tan 0,1° schon nicht mehr wieder.

Der Grund: Bei sehr kleinen Winkeln machen Sie nur einen sehr geringen Fehler, wenn Sie

$$\frac{\text{Gegenkathete}}{\text{Hypotenuse}} \text{ durch } \frac{\text{Gegenkathete}}{\text{Ankathete}}$$

ersetzen.

> Sinus und Tangens eines Winkels unterscheiden sich umso weniger, je kleiner der Winkel ist.

Benutzer des Rechenstabes wissen, daß es deshalb für Winkel kleiner als etwa 5,5° eine gemeinsame Skala für Sinus und Tangens gibt.

Unterscheiden sich auch Cosinus und Tangens umso weniger, je kleiner der Winkel ist?

Hatten Sie Schwierigkeiten mit Programm A? – Oder fühlen Sie sich noch nicht sicher?
Dann bearbeiten Sie bitte die folgenden Übungsaufgaben. Andernfalls gehen Sie weiter zu Programm B.

Übungen zu Programm A

1 Bestimmen Sie zeichnerisch:

sin 10° ; sin 20° ; sin 30° ; sin 40° ; sin 50° ; sin 60°.

2 Ist $\frac{1}{2}$ sin 80° = sin 40° ?

3 Bestimmen Sie mit dem Taschenrechner

a) sin 42,0° ; b) cos 47,8° ; c) tan 87,1° ; d) sin 49,2° .

4 Bestimmen Sie α aus

a) cos α = 0,5890 ; b) sin α = 0,0200 ; c) tan α = 0,2140 .

5 In einem rechtwinkligen Dreieck sind die Katheten a = 7,2 und b = 3,4. Wie groß sind die Winkel des Dreiecks?

6 In einem rechtwinkligen Dreieck ist die Hypotenuse 10 und $\sin \beta = 0{,}4$. Wie groß ist die Gegenkathete von β?

---

7 In einem rechtwinkligen Dreieck ist die Hypotenuse $c = 5$ und die Kathete $b = 3$. Wie groß sind $\sin \beta$ und β selbst?

---

8 In Δ ABC ist $\gamma = 90°$, $b = 4{,}5$ und $\tan \beta = \frac{1}{2}$. Wie groß ist a?

---

9 In Δ ABC ist $\alpha = 90°$ und $\tan \beta = 7$. Wie groß ist b, wenn $c = 3{,}5$ ist?

---

10 In Δ ABC ist $b = 4{,}5$, $c = 3{,}4$ und $\beta = 90°$. Wie groß sind die Winkel an der Hypotenuse?

---

11 Es ist $\sin 45° = \cos 45°$. Leiten Sie diese Gleichung aus der Komplementbeziehung her.

---

12 Kann ein Dreieck mit $a = 7$, $b = 5$ und $c = 9$ rechtwinklig sein?

B Dreiecksberechnungen

B 1 Mit den trigonometrischen Funktionen können Sie rechtwinklige Dreiecke berechnen. Ein Beispiel:
In einem Dreieck sei $\beta = 90°$, $a = 3$, $c = 7$. Diese beiden Seiten legen α fest. Denn es ist

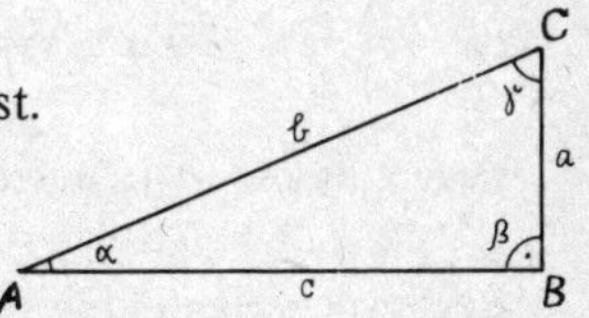

$$\tan \alpha = \frac{a}{c} = \frac{3}{7} = 0{,}4286 .$$

Mit dem Taschenrechner finden Sie $\alpha = 23{,}2°$.
Da γ der Komplementwinkel zu α ist, ergibt sich $\gamma = 66{,}8°$.
Die noch fehlende Seite b liefert Ihnen die Sinusfunktion.

$$\frac{a}{b} = \sin \alpha \; ; \quad a = b \cdot \sin \alpha \; ; \quad b = \frac{a}{\sin \alpha} .$$

Berechnen Sie b.

B 2 In $\triangle ABC$ sei $c = 5$; $\alpha = 47^\circ$; $\gamma = 90^\circ$.
Wir berechnen b. Da die Hypotenuse gegeben und die Ankathete gesucht ist, verwenden wir den Cosinus:

$$\cos\alpha = \frac{b}{c}; \quad b = c \cdot \cos\alpha$$

Sie tippen 5 [×] 47 [cos] [=] und erhalten b = 3,41.

Wie groß sind β und a?

B 3 Wir bestimmen aus $\alpha = 90^\circ$, $\beta = 45{,}7^\circ$ und $b = 6{,}5$ die Seite c:

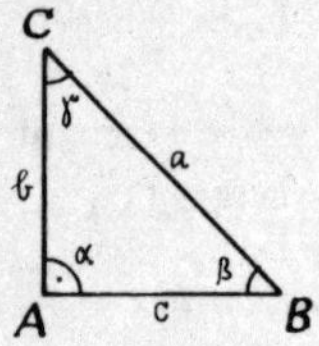

$$\frac{b}{c} = \tan\beta$$

$$c = \frac{b}{\tan\beta}$$

Tippfolge: 6.5 [÷] 45.7 [tan] [=] ; Ergebnis: c = 6,34.

Berechnen Sie im gleichen Dreieck a und γ.

B 4 In $\triangle ABC$ sei $c = 3{,}2$, $b = 5{,}4$ und $\beta = 90^\circ$.

Aus $\sin\gamma = \frac{c}{b} = \frac{3{,}2}{5{,}4} = 0{,}5926$ ergibt sich $\gamma = 36{,}3^\circ$ und $\alpha = 53{,}7^\circ$.

Die noch fehlende Seite a liefert der Cosinus:

$$\cos\gamma = \frac{a}{b}; \quad a = b \cdot \cos\gamma = 5{,}4 \cdot \cos 36{,}3^\circ = 4{,}35.$$

In einem anderen Dreieck sei
$\gamma = 90^\circ$; $b = 6{,}8$; $c = 7{,}2$.
Berechnen Sie die fehlenden Stücke.

B 5 In $\triangle ABC$ sei
$\gamma = 90^\circ$; $\beta = 50{,}8^\circ$; $a = 6{,}8$.
Wir berechnen die fehlenden Stücke.
Es ist $\alpha = 90^\circ - 50{,}8^\circ = 39{,}2^\circ$. Weiter gilt

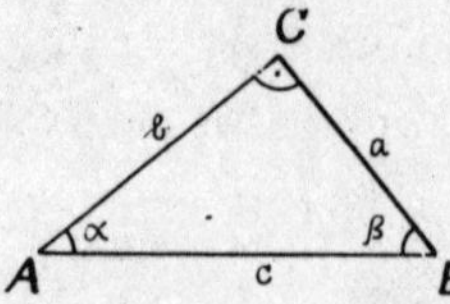

$$\frac{a}{c} = \cos\beta; \quad c = \frac{a}{\cos\beta} = \frac{6{,}8}{\cos 50{,}8} = 10{,}76.$$

Die noch fehlende Kathete ergibt sich aus $\tan\alpha = \frac{a}{b}$:

$$b = \frac{a}{\tan\alpha} = 8{,}34.$$

In einem anderen Dreieck sei $\gamma = 90°$; $\alpha = 43{,}2°$ und $b = 11{,}7$.
Wie groß sind die übrigen Stücke?

B 6 Ein Stück Straße überwindet bei gleichbleibender Steigung auf 7800 m Länge einen Höhenunterschied von 190 m. Wie groß ist ihr Steigungswinkel gegenüber der Horizontalen?
Zur Lösung dieser Aufgabe legen Sie eine Skizze an. Sie braucht nicht maßstäblich zu sein.
Die Sinusfunktion liefert Ihnen:

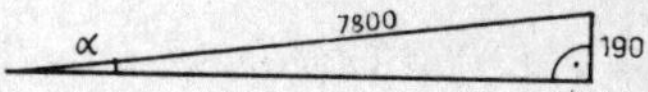

$$\sin\alpha = \frac{190}{7800} = 0{,}02436; \quad \alpha = 1{,}4°.$$

Wie hoch ist ein Baum, wenn der Schatten 17,3 m lang ist und die Sonnenstrahlen unter 36,5° gegen die Horizontale einfallen?

B 7 Es soll die Höhe eines Baumes bestimmt werden. Dazu werden von einem Punkt P aus Fuß F und Spitze S des Baumes angepeilt. Der Fuß erscheint unter einem Tiefenwinkel von 12°, die Spitze unter einem Erhebungswinkel von 57°. Die horizontale Entfernung s des Beobachtungspunktes vom Baum sei 8 m.
Die Figur läßt sich in rechtwinklige Dreiecke zerlegen. Sie berechnen zunächst in Δ PFB die Höhe h des Beobachtungspunktes:

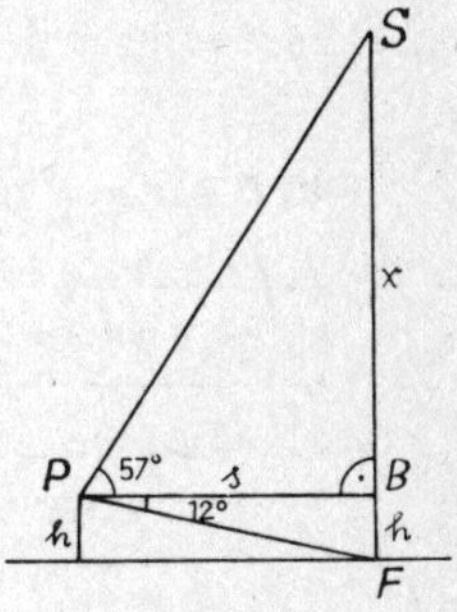

$$\frac{h}{s} = \tan 12° \; ; \quad h = 8 \cdot \tan 12° = 1{,}7.$$

Im oberen rechtwinkligen Dreieck gilt

$$\frac{x}{s} = \tan 57° \; ; \quad x = 8 \cdot \tan 57° = 12{,}3.$$

Die Höhe des Baumes beträgt also 1,7 m + 12,3 m = 14,0 m .
Sie können auf dem Taschenrechner das Endergebnis, ohne Zwischenergebnisse zu notieren, mit der Tippfolge

8 [x] 12 [tan] [+] [(] 8 [x] 57 [tan] [)] [=]

erhalten. Verfügt Ihr Rechner über AOS (Algebraisches Operationssystem), dürfen Sie dabei sogar die Klammern weglassen.

Ein kugelförmiger Ballon mit einem Durchmesser von 12 m wird unter einem „Sehwinkel" von $\alpha = 1°$ beobachtet. Wie weit ist er vom Beobachter entfernt?

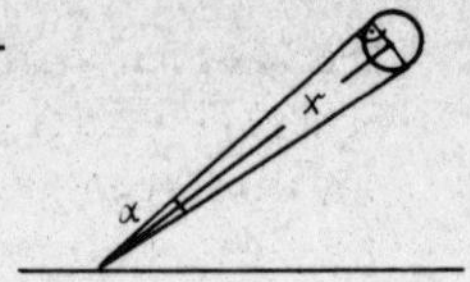

B 8 Gegeben ist ein Rechteck mit den Seiten a = 4 und b = 3. Wir berechnen den Winkel, den die Diagonale mit a bildet. Die Diagonale zerlegt das Rechteck in zwei rechtwinklige Dreiecke. Für den Winkel

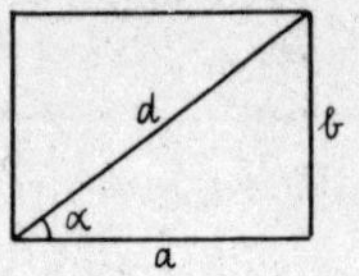

α gilt $\tan \alpha = \frac{b}{a} = \frac{3}{4} = 0{,}75$. Daraus folgt $\alpha = 36{,}9°$.

Die Diagonale ist die Hypotenuse im rechtwinkligen Dreieck. Ihre Länge ergibt sich aus $\sin \alpha = \frac{b}{d}$.

Berechnen Sie die Länge der Diagonalen sowohl trigonometrisch aus b und α als auch mit dem Satz des Pythagoras.

B 9 Die Höhe h_c zerlegt das Dreieck ABC in zwei rechtwinklige Dreiecke.

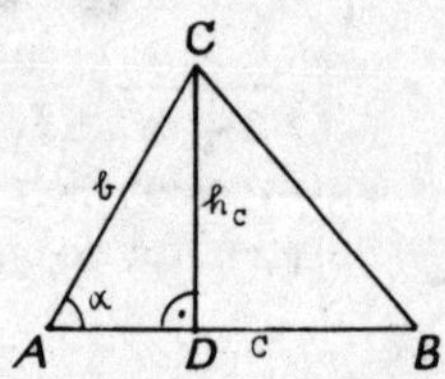

In ΔADC ist $\frac{h_c}{b} = \sin \alpha$, also

$$\boxed{h_c = b \cdot \sin \alpha}$$

Um die Fläche A des Dreiecks zu erhalten, multiplizieren Sie diese Höhe mit der halben Grundseite:

$$\boxed{A = \frac{b \cdot c \cdot \sin \alpha}{2}}$$

Mit dieser Formel können Sie den Flächeninhalt des Dreiecks aus zwei Seiten und ihrem Zwischenwinkel berechnen.

Ein Dreieck hat die Seite a = 5 cm , c = 3,2 cm und den Winkel $\beta = 24{,}7°$.

Berechnen Sie den Flächeninhalt.

B 10 Die Basis eines gleichschenkligen Dreiecks ist $c = 5$, die Länge der Schenkel beträgt $a = b = 4$.

Wir berechnen α und h_b:

In Δ ADC gilt

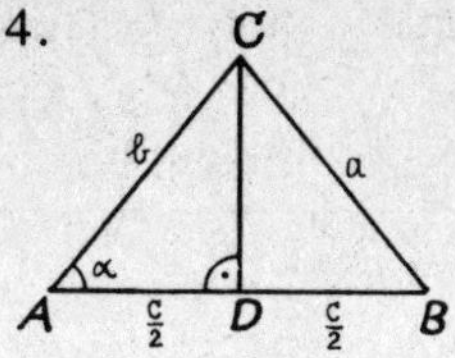

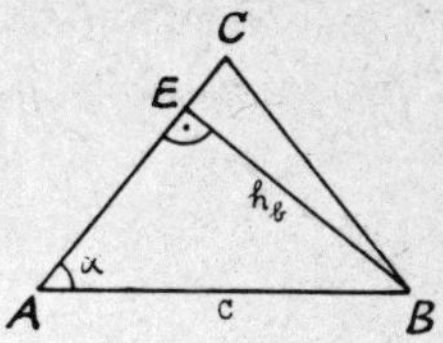

$$\cos \alpha = \frac{\frac{c}{2}}{b} = \frac{2{,}5}{4} = 0{,}6250; \; \alpha = 51{,}3°.$$

In Δ ABE gilt $\frac{h_b}{c} = \sin \alpha$; $h_b = c \cdot \sin \alpha = 3{,}90$.

In einem anderen gleichschenkligen Dreieck seien die Basis $c = 4{,}2$ und $\alpha = 56°$.

Berechnen Sie b und h_c.

B 11 In einem Kreis sei der Radius r und die Sehne s.

Wenn Sie das Lot von M auf s einzeichnen, gilt in Δ MBC

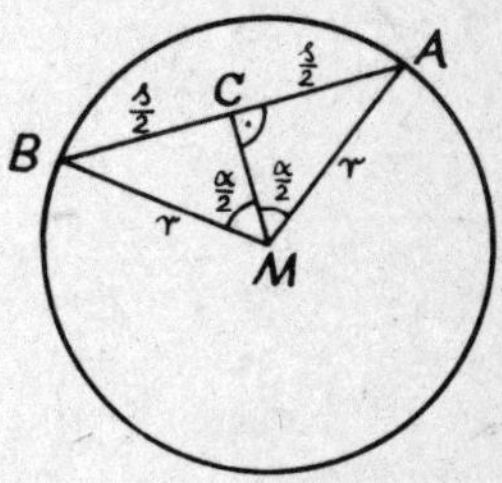

$$\sin \frac{\alpha}{2} = \frac{\frac{s}{2}}{r} = \frac{s}{2r}, \quad s = 2r \cdot \sin \frac{\alpha}{2}.$$

Sie können also aus dem Kreisradius und dem Winkel zwischen den beiden Radien die Länge der Sehne berechnen. Beachten Sie bei Anwendung dieser Formel: $2 \sin \frac{\alpha}{2}$ ist nicht gleich $\sin \alpha$.

Es sei $r = 5$; der Winkel zwischen den Radien sei 100°. Wie lang ist die Sehne?

B 12 Durch Radius und Sehne eines Kreises ist der Winkel zwischen den Radien bestimmt:

$$\sin \frac{\alpha}{2} = \frac{s}{2r}$$

Welchen Winkel bilden die Verbindungsstrecken der Endpunkte einer Sehne mit dem Kreismittelpunkt, wenn Kreisradius und Sehne die Längen 4 bzw. 7 haben?

B 13 Einem Kreis von Radius $r = 10$ sei ein regelmäßiges Neuneck einbeschrieben.

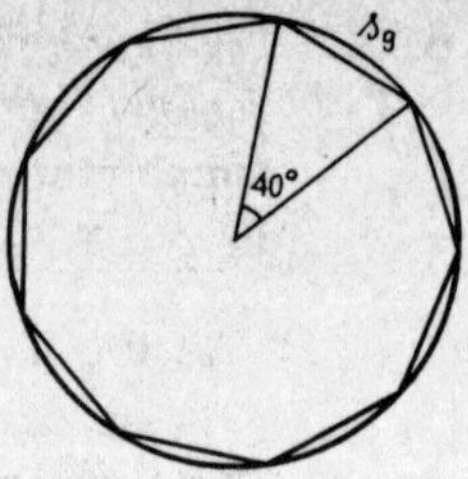

Das Neuneck läßt sich in neun gleichschenklige kongruente Dreiecke zerlegen. Der Winkel an der Spitze beträgt in jedem dieser Dreiecke

$$\frac{1}{9} \cdot 360° = 40°.$$

Es ist $s_9 = 2\,r \cdot \sin 20° = 20 \cdot \sin 20° = 6{,}840$.

Der Umfang des Neunecks wird dann $u_9 = 9 \cdot 6{,}840 = 61{,}56$.

a) Wie groß ist die Höhe auf die Basis in jedem der neun gleichschenkligen Dreiecke?

b) Berechnen Sie den Flächeninhalt des Neunecks.

B 14 Wir berechnen den Umfang eines regelmäßigen Zehnecks, das einem Kreis vom Radius 10 umbeschrieben ist.

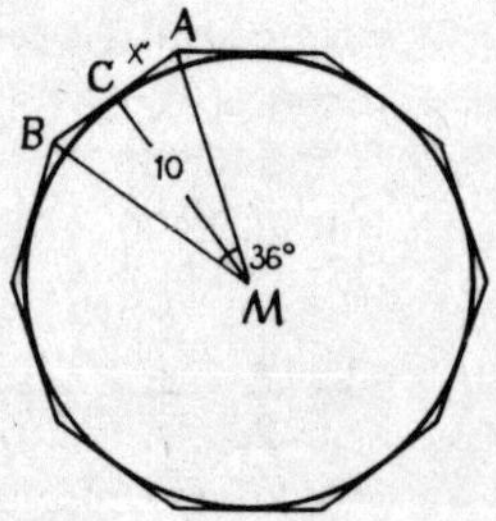

Hier hat jedes Teildreieck an der Spitze einen Winkel von

$$\frac{1}{10} \cdot 360° = 36°.$$

In dem rechtwinkligen Dreieck MAC gilt

$$\frac{x}{10} = \tan 18° \quad \text{oder} \quad x = 10 \cdot \tan 18° = 3{,}249.$$

x ist die halbe Seitenlänge des Zehnecks. Um den Umfang zu erhalten, multiplizieren Sie also 3,249 mit 20: $U = 3{,}249 \cdot 20 = 64{,}98$.

Einem Kreis vom Radius 1 ist je ein regelmäßiges 100-Eck ein- bzw. umbeschrieben. Wie groß sind die Umfänge u_{100} und U_{100}?

B 15 Wir fällen von den Endpunkten einer Strecke $\overline{AB}$ die Lote auf die Gerade g. Sie schneiden g in A′ und B′.

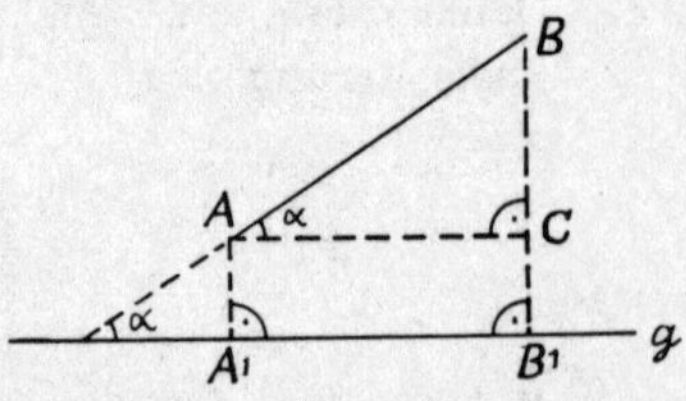

Die Strecke $\overline{A'B'}$ heißt die „Projektion" von $\overline{AB}$ auf g. Die Länge der Projektion hängt von dem Winkel α zwischen AB und g ab:

Es ist $\frac{|A'B'|}{|AB|} = \frac{|AC|}{|AB|} = \cos\alpha$ oder

$$\boxed{|A'B'| = |AB| \cos\alpha}$$

Die Projektion einer 7 cm langen Strecke $\overline{BC}$ auf die Gerade h habe die Länge $|B'C'| = 5$. Welchen Winkel bildet h mit BC?

Wenn Sie beim Durcharbeiten dieses Programms keine Schwierigkeiten hatten, können Sie die folgenden Übungen überspringen. Lesen Sie dann weiter auf Seite 22.

Übungen zu Programm B

1 In einem Dreieck sei $\gamma = 90°$; $\alpha = 42{,}3°$; $b = 2{,}5$. Berechnen Sie die fehlenden Stücke.

---

2 In einem Dreieck ist $b = 3$; $c = 6$ und $\alpha = 90°$. Berechnen Sie die fehlenden Stücke.

---

3 Ein Skilift steigt um 20° gegen die Horizontale. Wie lang ist der Lift, wenn er einen Höhenunterschied von 200 m überwindet?

---

4 Ein rechtwinkliges Dreieck hat die Seiten 3, 4 und 5. Berechnen Sie die senkrechten Projektionen der Katheten auf die Hypotenuse.

---

5 Der Fuß einer Denkmalsfigur erscheint von einem Punkt aus gegen die Horizontale unter einem Tiefenwinkel von 22°, der Kopf unter einem Erhebungswinkel von 27°. Der Beobachtungspunkt liegt 2 m höher als der Fuß des Denkmals. Wie hoch ist die Figur?

---

6 Von einem Punkt, der 30 m über einem Fluß liegt, erscheinen die beiden Ufer unter Tiefenwinkeln von 17° und 25°.

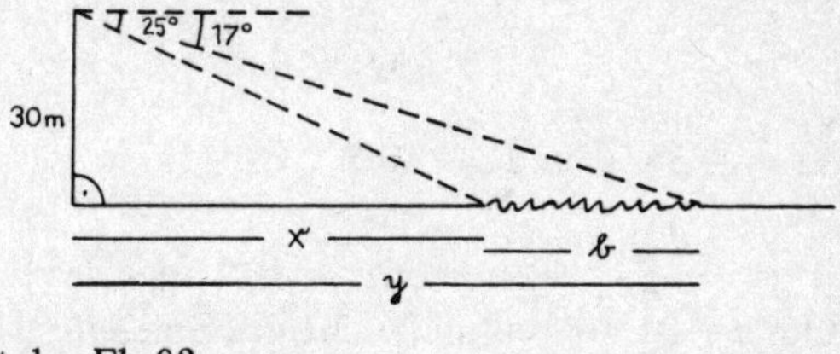

Wie breit ist der Fluß?

---

7 Einem Kreis vom Radius $r = 10$ ist ein regelmäßiges 18eck einbeschrieben. Wie groß ist dessen Flächeninhalt?

---

8 Welchen Radius hat ein Kreis, wenn bei einer Sehnenlänge von 7,3 der Winkel zwischen den von den Endpunkten der Sehne ausgehenden Kreisradien 57,8° beträgt?

---

9 Ein Dreieck hat die Seiten $b = 3$, $c = 5$ und den Winkel $\alpha = 57{,}5°$. Wie groß ist sein Flächeninhalt?

---

10 Ein Parallelogramm hat die Seiten $a = 6$ und $b = 1$. Der Zwischenwinkel α beträgt 89°. Berechnen Sie die Fläche.

C Anwendungen in der Raumgeometrie

C 1 Ein Würfel der Kantenlänge a hat vier Raumdiagonalen $\overline{AG}$, $\overline{BH}$, $\overline{CE}$ und $\overline{DF}$. Welchen Winkel α schließen zwei von ihnen ein?

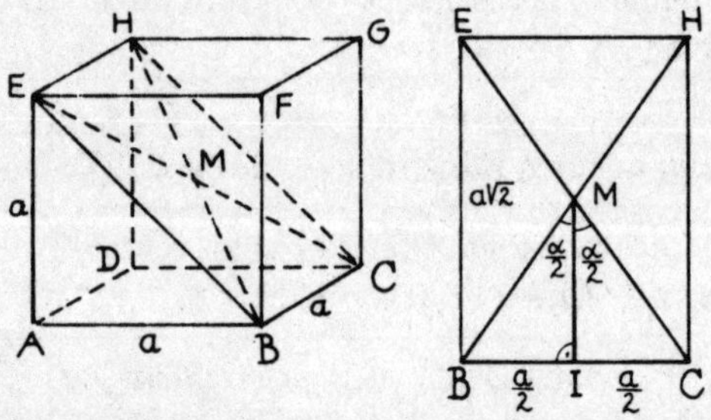

Neben dem Würfel ist in wahrer Gestalt die Schnittfläche BCHE gezeichnet. Sie ist ein Rechteck, dessen eine Seite $\overline{BC} = a$ und dessen andere Seite $\overline{BE}$ die Diagonale des Vorderquadrats ABFE des Würfels ist, also die Länge $a\sqrt{2}$ hat. Aus dem rechtwinkligen Teildreieck BIM erhalten wir dann

$$\tan\frac{\alpha}{2} = \frac{a}{2} : \frac{a\sqrt{2}}{2} = \frac{1}{\sqrt{2}} = 0{,}707,$$

also $\frac{\alpha}{2} = 35{,}3°$ und $\alpha = 70{,}5°$.

Berechnen Sie trigonometrisch die Länge der Raumdiagonalen $\overline{BH}$, wenn $a = 10$ ist, und prüfen Sie das Ergebnis nach dem Satz von Pythagoras.

C 2 Ein Quader hat die Kantenlängen a = 8, b = 6 und c = 15.

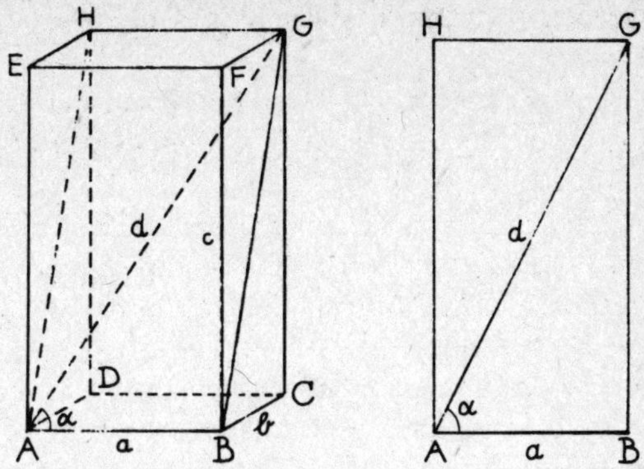

Für die Länge seiner Raumdiagonalen liefert die zweimalige Anwendung des Satzes von Pythagoras

$d^2 = a^2 + |BG|^2 = a^2 + b^2 + c^2 = 64 + 36 + 225 = 325$,

$d = \sqrt{325} = 18{,}03$.

Für den Winkel α zwischen d und a erhält man

$$\cos\alpha = \frac{a}{d} = \frac{8}{18{,}03}\ ;\ \alpha = 63{,}7°.$$

Berechnen Sie die Winkel β und γ zwischen d und b bzw. d und c. Weisen Sie die Richtigkeit von

$$\cos^2\alpha + \cos^2\beta + \cos^2\gamma = 1$$

nach.

C 3 Fällt man von den Endpunkten einer Strecke $\overline{AB}$ die Lote auf eine Ebene **E**, dann bezeichnet man die Verbindungsstrecke $\overline{A'B'}$ der Lotfußpunkte als „Projektion" von $\overline{AB}$ auf **E**. Die Gerade $g' = A'B'$ heißt auch die Projektion der Geraden $g = AB$. Als „Neigungswinkel" α von

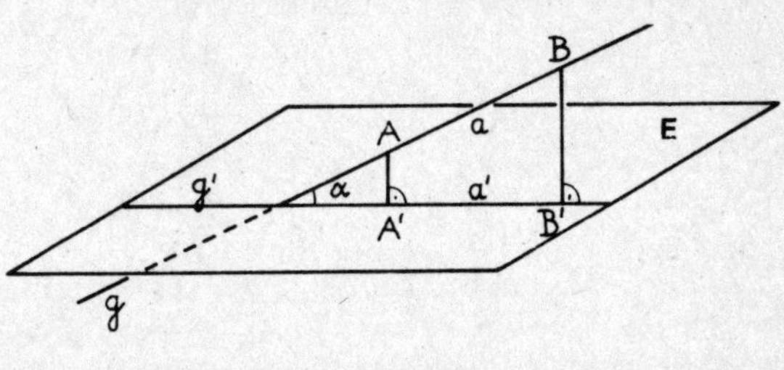

g gegen die Ebene bezeichnet man den Winkel zwischen g und ihrer Projektion g'.

Für die Längen a und a' der Strecke $\overline{AB}$ und ihrer Projektion gilt dann

$$\boxed{\cos\alpha = \frac{a'}{a}}$$

Wie steil muß eine Strecke geneigt sein, damit sie doppelt so lang ist wie ihre Projektion?

C 4

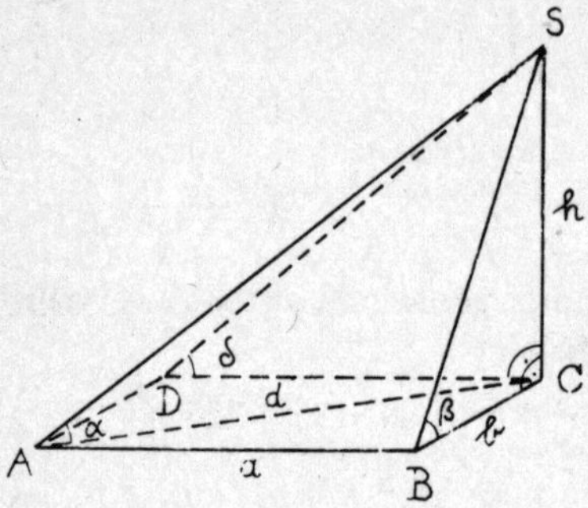

Die Grundfläche der Pyramide ABCDS ist ein Rechteck mit den Seiten $a = 8$ und $b = 6$. Ihre Kante $|CS| = 7$ steht auf der Grundfläche senkrecht. Es sollen die Neigungswinkel der drei anderen Kanten berechnet werden.
Sie brauchen dazu die Projektionen dieser Kanten:

Kante:	$\overline{AS}$	$\overline{BS}$	$\overline{DS}$
Projektion:	$\overline{AC}$	$\overline{BC}$	$\overline{DC}$

$\overline{AC}$ hat dabei als Rechtecksdiagonale die Länge $d = \sqrt{a^2 + b^2} = 10$.

Damit wird für den Neigungswinkel α von $\overline{AS}$ $\tan\alpha = \frac{h}{d} = \frac{7}{10}$; $\alpha = 35{,}0$.

Die Länge von $\overline{AS}$ bekommt man aus $\frac{d}{|AS|} = \cos\alpha$; $|AS| = \frac{d}{\cos\alpha} = 12{,}21$.

Berechnen Sie die Neigungswinkel und die Längen von $\overline{BS}$ und $\overline{DS}$.

C 5 Beim regelmäßigen Tetraeder ist der Höhenfußpunkt der Schwerpunkt des gleichseitigen Grunddreiecks. Er teilt dessen Höhe $|AE| = \frac{a}{2}\sqrt{3}$ im Verhältnis 2 : 1.
Daher ist

$|AF| = \frac{2}{3}|AE| =$

$\frac{2}{3} \cdot \frac{a}{2}\sqrt{3} = \frac{a}{3}\sqrt{3}$.

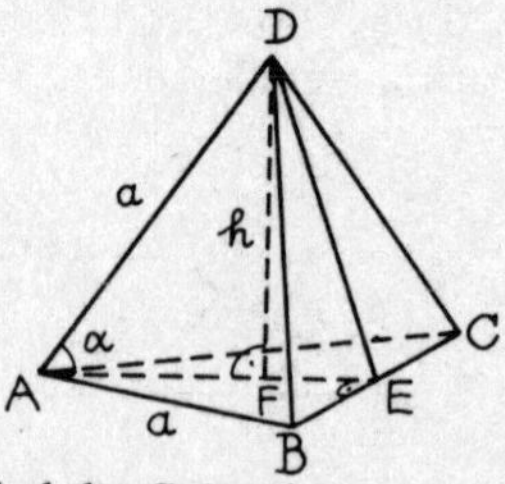

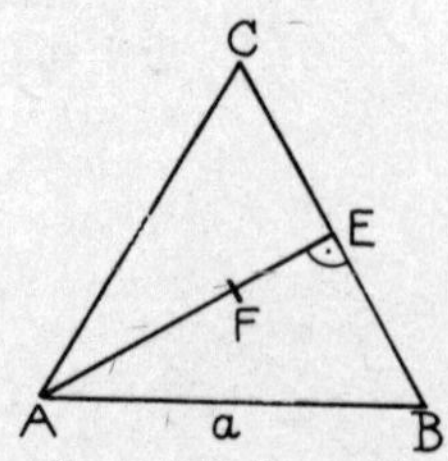

Für den Neigungswinkel der Seitenkante gegen die Grundfläche ergibt sich

$$\cos\alpha = \frac{|AF|}{a} = \frac{1}{3}\sqrt{3} = 0{,}5774, \quad \alpha = 54{,}7^\circ.$$

Berechnen Sie für $a = 10$ die Höhe h und das Volumen V des regelmäßigen Tetraeders a) trigonometrisch, b) durch Anwendung des Satzes von Pythagoras auf das Teildreieck AFD.

C 6 Wenn eine Ebene **E** gegen eine Grundfläche geneigt ist und sie in der „Schnittgeraden" s schneidet, kann man in **E** „Höhenlinien" zeichnen. Diese verbinden alle Punkte gleicher Höhe oder gleichen Abstands von der Grundfläche miteinander, es sind also die Parallelen zu s. Senkrecht zu den Höhenlinien laufen in **E** die „Fallinien" f. Sie stehen auch auf s senkrecht.

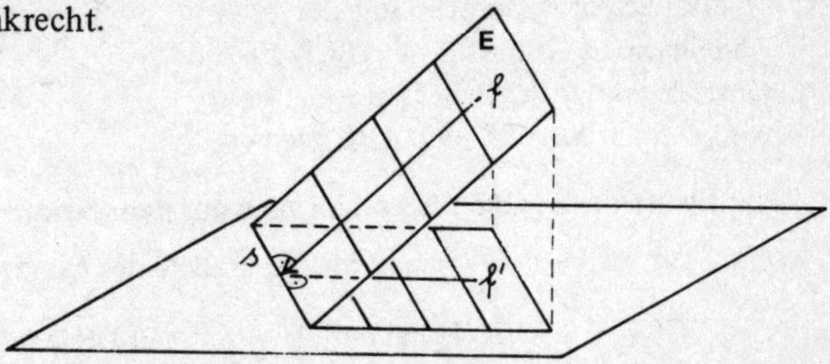

Die Projektionen der Höhenlinien in die Grundfläche sind ebenfalls zu s parallel, die Projektionen der Fallinien stehen auf s senkrecht.

Zeichnen Sie Schrägbild und Grundriß einer dreiseitigen Pyramide. Zeichnen Sie in deren Seitenflächen die Höhenlinien in ein Drittel und in zwei Dritteln der Pyramidenhöhe ein. Geben Sie im Grundriß die Fallinien an, die von der Pyramidenspitze ausgehen.

C 7 Als „Neigungswinkel einer Ebene" gegen die Grundfläche bezeichnet man den Neigungswinkel ihrer Fallinien, also den Winkel zwischen einer Fallinie und ihrer Projektion.

Beim regelmäßigen Tetraeder ist $|\overline{DE}| = \frac{a}{2}\sqrt{3}$ die Länge einer Fallinie des Seitendreiecks BCD und

$$|FE| = \frac{1}{3}\,|AE| = \frac{a}{6}\sqrt{3}$$

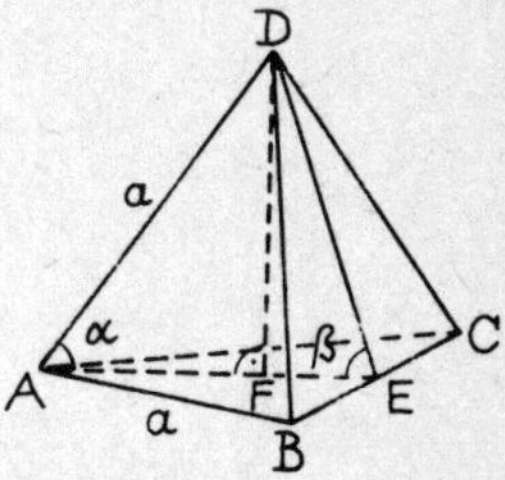

ihre Projektion. Also gilt für den Neigungswinkel β der Seitenfläche BCD

$$\cos\beta = \frac{|FE|}{|DE|} = \frac{1}{3}, \; \beta = 70{,}5°.$$

In C 5 war $\alpha = 54{,}7°$ berechnet worden. Da $\triangle AED$ gleichschenklig ist ($|AE| = |DE|$), gilt für die genauen Werte von α und β die Gleichung $2\alpha + \beta = 180°$.

Eine gerade Pyramide hat als Grundfläche ein Quadrat mit der Seite $a = 16$ und die Höhe $h = 12$. Wie groß sind die Neigungswinkel der Seitenkanten und der Seitenflächen dieser Pyramide gegen die Grundfläche ?

C 8 Als regelmäßiges Oktaeder bezeichnet man einen Körper, der von acht gleichseitigen Dreiecken begrenzt ist. Man kann sich ihn aus zwei quadratischen Pyramiden mit der gemeinsamen Grundfläche ABCD zusammengesetzt denken. Den Neigungswinkel β der Seitenfläche ABE gegen

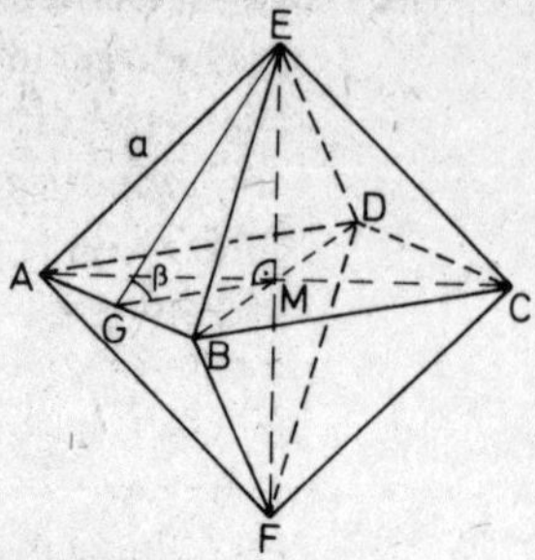

die Ebene dieses Quadrats erhält man aus dem Neigungsdreieck GME mit $|GM| = \frac{a}{2}$ (halbe Mittelparallele des Quadrats ABCD) und $|GE| = \frac{a}{2}\sqrt{3}$ (Höhe des gleichseitigen Dreiecks ABE), also aus $\cos\beta = \frac{|GM|}{|GE|} = \frac{1}{\sqrt{3}}$ zu $\beta = 54{,}7°$. Die Seitenflächen ABE und ABF schließen dann den Winkel $2\beta = 109{,}5°$ ein.

a) Welchen Winkel schließen die Seitenflächen ABE und BCE ein?
b) Bestimmen Sie den Neigungswinkel α der Kante AE gegen die Ebene des Quadrats ABCD.

C 9 Man kann nicht nur Strecken und Geraden, sondern auch eine ganze Figur senkrecht in eine Grundebene projizieren. Dazu fällt man von allen Randpunkten der Figur die Lote auf die Grundebene. Die Lotfußpunkte bilden dann den Rand der Projektion der Figur.

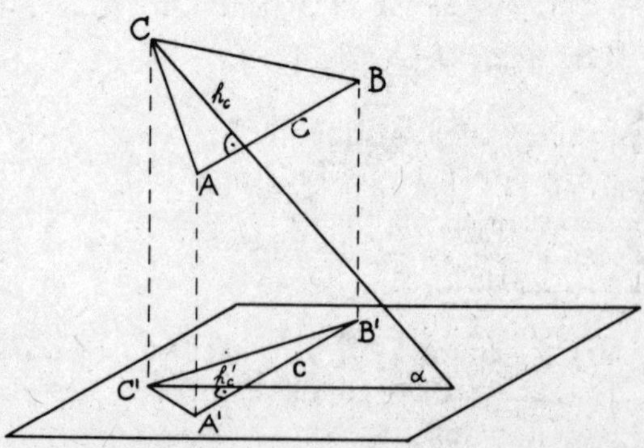

In der Zeichnung ist das für ein Dreieck ABC ausgeführt, dessen Grundlinie $\overline{AB} = c$ eine Höhenlinie, also parallel zur Grundebene ist. Die zugehörige Dreieckshöhe h_c ist dann Stück einer Fallinie, ihr Neigungswinkel stimmt mit dem Neigungswinkel α der Dreiecksebene ABC überein, und es gilt $h_c' = h_c \cos\alpha$.
Da außerdem $|A'B'| = |AB| = c$ ist, wird die Fläche der Projektion $A' = \frac{1}{2} c h_c' = \frac{1}{2} c h_c \cos\alpha$. Weil $A = \frac{1}{2} c h_c$ die Fläche des Dreiecks ABC ist, wird demnach $A' = A \cos\alpha$.
Zwei Seiten eines Rechteckes liegen auf Höhenlinien einer geneigten Ebene. Zeigen Sie, daß auch für seine Fläche A und die Fläche A′ seiner Projektion $A' = A \cos\alpha$ gilt.

C 10 Geradlinig begrenzte Figuren lassen sich durch Diagonalen in Dreiecke zerlegen. Jedes dieser Dreiecke kann man dann noch durch die Höhenlinie, die durch die Ecke in „mittlerer Höhe" geht, in zwei Teildreiecke aufteilen. Danach setzt sich die ganze Figur nur noch aus Dreiecken zusammen, die jeweils eine Seite auf einer Höhenlinie haben, für die also die Beziehung aus C 9 gilt:

$$A_1' = A_1 \cos\alpha$$
$$A_2' = A_2 \cos\alpha$$
$$A_3' = A_3 \cos\alpha$$
$$\cdots\cdots\cdots$$
$$A_n' = A_n \cos\alpha$$

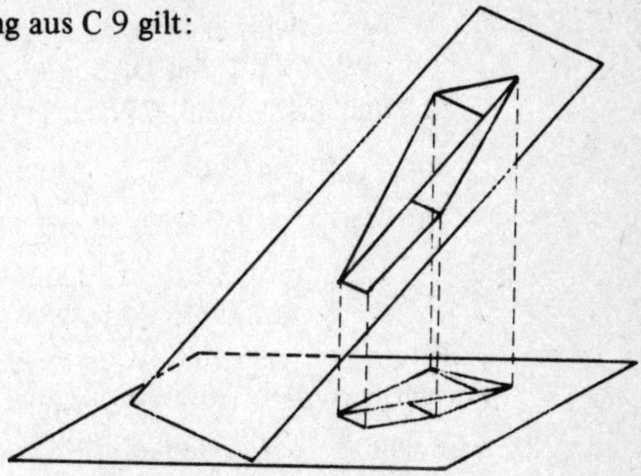

Addiert gibt das für die Gesamtfläche A′ der Projektion

$$A' = \cos\alpha \cdot (A_1 + A_2 + A_3 + \ldots + A_n) =$$
$$= \cos\alpha \cdot A.$$

Es gilt also für die Fläche A beliebiger geradlinig begrenzter, ebener Figuren und ihre Projektion A′ die Gleichung

$$\boxed{A' = A \cos\alpha}$$

Alle Seitenflächen einer geraden quadratischen Pyramide seien gegen das Grundquadrat unter dem Winkel $\alpha = 63^\circ$ geneigt. Die Seite der Grundfläche ist $a = 8$. Wie groß ist die Mantelfläche?

C 11 Die Figuren zeigen Schrägbild und Grundriß einer geraden, rechteckigen Pyramide mit der Höhe h = 6 und den Rechtecksseiten a = 7 und b = 4. Den Neigungswinkel α der Seitenflächen ABS und CDS gegen die Grundfläche ABCD liefert das Neigungsdreieck EFS mit

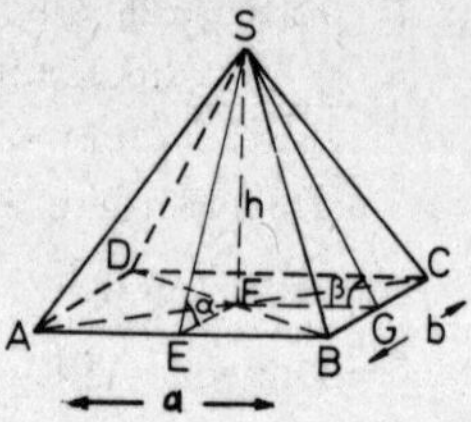

$|EF| = \frac{b}{2}$ nach

$\tan \alpha = \frac{h}{|EF|} = \frac{2h}{b} = 3$

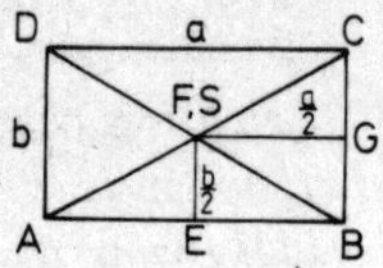

zu $\alpha = 71{,}6°$.

Der Neigungswinkel β der Seitenflächen BCS und DAS ergibt sich aus Dreieck GFS:

$\tan \beta = \frac{2h}{a} = 1{,}714,$

$\beta = 59{,}7°.$

Die Projektionen der Seitenflächen in die Grundfläche teilen diese in vier gleiche Teile; jede hat also $\frac{ab}{4}$ als Flächeninhalt.
Die Oberfläche der Pyramide wird daher

$$A = ab + 2 \cdot \frac{ab/4}{\cos\alpha} + 2 \cdot \frac{ab/4}{\cos\beta} = ab\left(1 + \frac{1}{2\cos\alpha} + \frac{1}{2\cos\beta}\right) = 100{,}1.$$

a) Berechnen Sie trigonometrisch die Höhen h_a und h_b der Seitendreiecke ABS und BCS.

b) Bestimmen Sie die Flächeninhalte dieser Dreiecke nach den Formeln $\frac{1}{2} ah_a$ und $\frac{1}{2} bh_b$ und prüfen Sie damit das Ergebnis für die Oberfläche der Pyramide.

C 12 Die Figur zeigt den Grundriß eines Daches. Alle Dachflächen sind gegen die Horizontale unter $\alpha = 30°$ geneigt. Für die Dachfläche A gilt deshalb auch $A' = A \cos\alpha$ oder

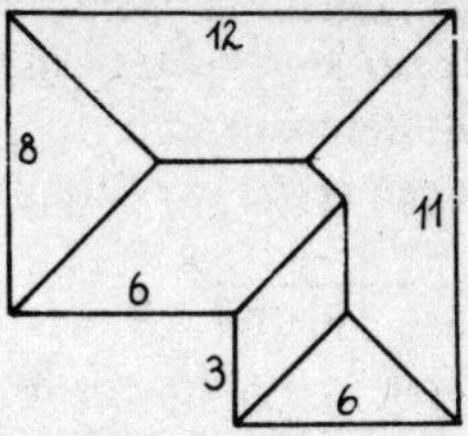

$$A = \frac{A'}{\cos\alpha}.$$

Dabei ist A' ihre Projektion, die sich aus zwei Rechtecken zusammensetzen läßt:

$$A' = 8 \cdot 12 + 6 \cdot 3 = 114.$$

Also wird $A = \dfrac{114}{\cos 30°} = 131{,}6.$

Ein Kreiskegel hat den Grundkreisradius r und die Mantellinie s. Zeigen Sie, daß auch für seine Mantelfläche M und deren Projektion in die Grundfläche M' die Beziehung $M' = M \cos\alpha$ gilt, wenn α der Neigungswinkel der Mantellinien ist.

Übungen zu Programm C

1 Im Grunddreieck einer Pyramide ist $a = |BC| = 5$, $b = |AC| = 12$ und $\gamma = \sphericalangle ACB = 90°$. C ist der Fußpunkt der Pyramidenhöhe $h = |CD| = 6$.

a) Berechnen Sie alle Winkel der rechtwinkligen Seitendreiecke ACD und BCD sowie deren Hypotenusen.

b) Berechnen Sie im Grunddreieck ABC die Winkel α und β, die Hypotenuse c und die Höhe h_c.

c) Bestimmen Sie die Höhe h_c' der Seitenfläche ABD aus h und h_c und dann alle Winkel des Dreiecks ABD.

2 Bei der quadratischen Pyramide ABCDS hat das Grundquadrat ABCD die Seitenlänge $a = 10$. Alle Seitenkanten haben die Länge $s = 12$. Der Höhenfußpunkt heißt F.

a) Berechnen Sie die Winkel von Δ AFS.

b) M ist der Punkt auf FS, der von allen Ecken der Pyramide gleiche Entfernungen hat, also der Mittelpunkt der „Umkugel". Wie lang ist der Radius der Umkugel?

3 Die Grundfläche einer geraden Pyramide der Höhe $h = 6$ ist das regelmäßige Neuneck mit der Seite $a = 4$.

a) Berechnen Sie Grundfläche und Volumen der Pyramide.

b) Berechnen Sie die Seitenkante und die Mantelfläche der Pyramide.

4 Ein Quader hat die Kanten a = 8, b = 6 und c = 4. Berechnen Sie die drei verschiedenen spitzen Winkel zwischen den Raumdiagonalen des Quaders.

---

5 Die Grundfläche einer geraden Pyramide ist das Rechteck mit den Seiten a = 7 und b = 11, ihre Höhe h = 8. Berechnen Sie die Neigungswinkel aller Kanten und Seitenflächen gegen die Grundfläche.

---

6 Die Grundfläche einer Pyramide ist das regelmäßige Achteck mit der Seite a = 5. Alle Seitenkanten bilden mit der Grundfläche den Neigungswinkel $\alpha = 68^\circ$. Berechnen Sie die Höhe h und das Volumen der Pyramide.

---

7 Die Grundfläche einer Pyramide ist das gleichseitige Dreieck mit der Seite a = 14. Alle Seitenflächen haben den Neigungswinkel $\alpha = 52^\circ$ gegen die Grundfläche. Berechnen Sie die Höhe h, die Oberfläche und das Volumen der Pyramide.

---

8 Die Grundfläche eines schiefen Prismas ist das Quadrat mit der Seite a = 4, zwei Seitenflächen sind Rechtecke mit den Seiten a = 4 und b = 13, alle Seitenkanten haben den Neigungswinkel $\alpha = 58^\circ$. Berechnen Sie das Volumen und die Mantelfläche des Prismas.

---

9 Ein regelmäßiges Tetraeder kann als dreiseitige Pyramide aufgefaßt werden. Die Mantelfläche ist dann dreimal so groß wie die Grundfläche. Bestimmen Sie daraus den Neigungswinkel der Seitenflächen gegen die Grundfläche und vergleichen Sie das Ergebnis mit C 7.

---

10 Die Seitenflächen einer geraden quadratischen Pyramide sind gegen die Grundfläche unter 73,6° geneigt. Wie verhält sich die Mantelfläche zur Grundfläche?

---

11 Die Mittelpunkte der Seitenflächen eines Quaders mit den Kanten a = 6, b = 4, c = 8 sind die Ecken des (nicht regelmäßigen) Oktaeders ABCDEF.

a) Berechnen Sie seine Kantenlängen.
b) Wie groß sind die Winkel zwischen seinen Seitenflächen?
c) Wie groß ist seine Oberfläche?

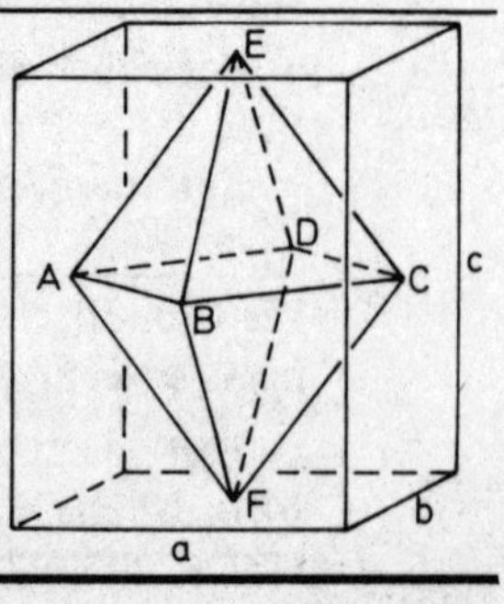

Es folgt ein Test. Er soll Ihnen zeigen, ob Sie den Stoff des ersten Teils verstanden haben und wo Ihre Lücken liegen.
Beantworten Sie alle drei Testfragen.

Test I

Aufgabe A

In einem Dreieck ist $\alpha = 90°$, $b = 4$ und $c = 5{,}2$.

a) Wie groß ist γ?

b) Berechnen Sie $\tan \beta$.

Aufgabe B

Die Schenkel eines gleichschenkligen Dreiecks haben die Länge 5, die Basis die Länge 3.

a) Wie groß sind die Basiswinkel?

b) Wie lang sind die Höhen auf die Schenkel?

Aufgabe C

Die Grundfläche einer dreiseitigen Pyramide ist das Dreieck ABC mit $\measuredangle BAC = 90°$, $a = |BC| = 13{,}5$, $c = |AB| = 8{,}1$. Die Spitze S liegt senkrecht über B, die Pyramidenhöhe ist $h = |BS| = 10{,}4$.
Berechnen Sie

a) den Flächeninhalt G des Grunddreiecks ABC,

b) die Neigungswinkel δ und ϵ der Kanten AS und CS gegen die Grundfläche,

c) den Neigungswinkel von Dreieck ACS gegen die Grundfläche,

d) die Oberfläche A der Pyramide.

II. Teil: Vektorrechnung

D Vektoren und ihre Addition

D 1 Punkte in der Ebene legen wir mit einem „kartesischen Koordinatensystem“ fest.

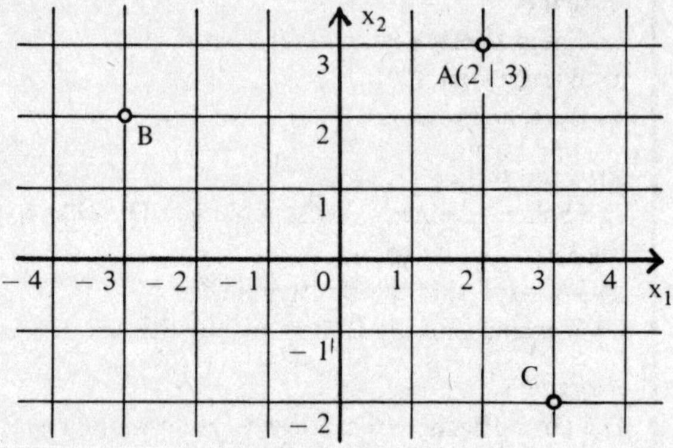

Die waagerechte „Koordinatenachse“ ist die x_1-Achse, die dazu senkrechte die x_2-Achse. Die „Koordinaten“ eines Punktes erhalten Sie, wenn Sie durch ihn Parallelen zu den Achsen ziehen. Für A lesen Sie ab:

$x_1 = 2$, $x_2 = 3$.

Sie schreiben A(2 | 3). Achten Sie dabei auf die Reihenfolge der Zahlen. Die erste ist die Koordinate auf der x_1-, die zweite die auf der x_2-Achse. A(3 | 2) wäre also falsch.

Welche Koordinaten haben B und C?

D 2 Wir verbinden den Nullpunkt des Koordinatensystems mit dem Punkt A durch einen Pfeil.
Pfeile heißen in der Geometrie „Vektoren“. Gehen sie vom Nullpunkt aus, nennt man sie „Ortsvektoren“. Der Pfeil $\overrightarrow{0A}$ ist also ein Ortsvektor. Seine Lage ist durch die Koordinaten von A eindeutig bestimmt. Man nennt die Koordinaten von A die „Komponenten“ oder auch die „Koordinaten“ des Ortsvektors und schreibt

$\vec{a} = \begin{pmatrix}2\\3\end{pmatrix}$ oder $\mathfrak{a} = \begin{pmatrix}2\\3\end{pmatrix}$.

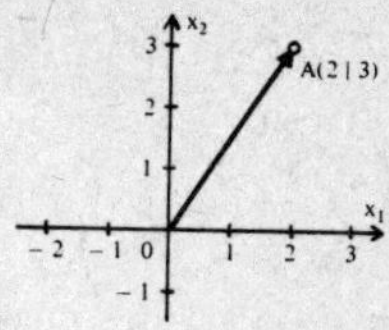

Um Vektoren von Zahlen zu unterscheiden, benutzt man entweder Frakturbuchstaben oder kleine lateinische Buchstaben mit Pfeilen darüber.
Treten in einer Rechnung Vektoren und Zahlen nebeneinander auf, bezeichnet man die Zahlen auch als „Skalare".

Zeichnen Sie die Vektoren

$\vec{b} = \begin{pmatrix}-2\\1\end{pmatrix}$; $\vec{c} = \begin{pmatrix}1\\0\end{pmatrix}$; $\vec{d} = \begin{pmatrix}0\\-2\end{pmatrix}$

vom Nullpunkt aus.

D 3 Zahlenpaare kamen bisher in zwei verschiedenen Schreibweisen vor: (2 | 3) deuten wir als Punkt in einem Koordinatensystem.

$\begin{pmatrix}2\\3\end{pmatrix}$ ist ein Vektor.

Die Koordinaten eines Punktes und die Komponenten seines Ortsvektors sind gleich. Aber nicht jeder Vektor ist ein Ortsvektor. Ein Pfeil kann an einer beliebigen Stelle liegen.

Wir tragen

$\vec{a} = \begin{pmatrix}3\\1\end{pmatrix}$

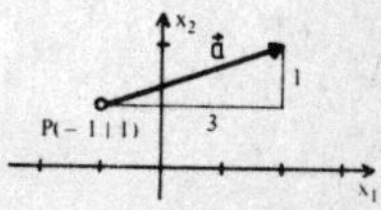

von P(– 1 | 1) aus ab. Dazu gehen wir von P um drei Einheiten nach rechts und um eine Einheit nach oben. Der Vektor und sein Endpunkt haben jetzt verschiedene Koordinaten.

Tragen Sie die Vektoren

$\vec{b} = \begin{pmatrix}-4\\-2\end{pmatrix}$; $\vec{c} = \begin{pmatrix}0\\1\end{pmatrix}$; $\vec{d} = \begin{pmatrix}3\\0\end{pmatrix}$

von P(2 | 1) aus ab. Geben Sie die Koordinaten der Endpunkte an.

D 4 Vektoren heißen gleich, wenn sie parallel, gleich lang und gleichgerichtet sind.

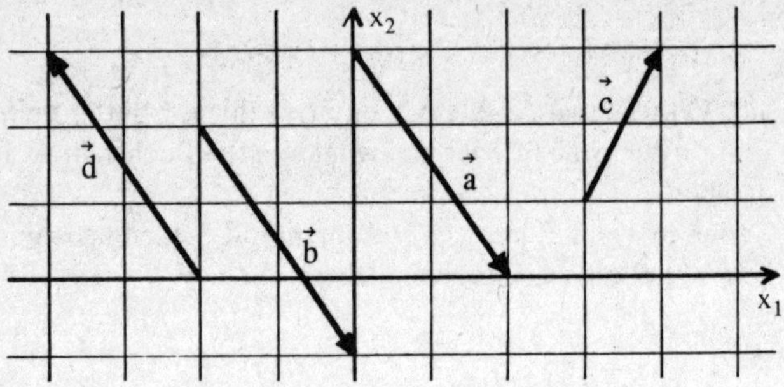

In der Figur ist $\vec{a} = \vec{b}$. Beide Vektoren haben die gleichen Komponenten:

$$\vec{a} = \begin{pmatrix} 2 \\ -3 \end{pmatrix}; \quad \vec{b} = \begin{pmatrix} 2 \\ -3 \end{pmatrix}.$$

Der Vektor $\vec{c}$ ist nicht gleich $\vec{a}$; denn er ist weder parallel zu $\vec{a}$, noch gleich lang:

$$\vec{c} = \begin{pmatrix} 1 \\ 2 \end{pmatrix} \neq \vec{a} = \begin{pmatrix} 2 \\ -3 \end{pmatrix}.$$

Aber auch $\vec{d}$ ist nicht gleich $\vec{a}$. $\vec{d}$ ist zwar parallel zu $\vec{a}$, aber nicht gleichgerichtet:

$$\vec{d} = \begin{pmatrix} -2 \\ 3 \end{pmatrix} \neq \vec{a} = \begin{pmatrix} 2 \\ -3 \end{pmatrix}.$$

> Vektoren sind genau dann gleich, wenn sie gleiche Komponenten haben.

Tragen Sie den Vektor $\vec{c} = \begin{pmatrix} 4 \\ -1 \end{pmatrix}$ einmal als Ortsvektor, einmal von P(2 | 1) aus an. $\vec{a}$ sei der Vektor, der die beiden Anfangspunkte, $\vec{b}$ der Vektor, der die beiden Endpunkte verbindet. Sind $\vec{a}$ und b gleich?

D 5 Ähnlich wie bei Zahlen erhalten Sie durch Verknüpfen zweier Vektoren einen dritten. Wir tragen den Vektor $\vec{a} = \begin{pmatrix} 3 \\ 2 \end{pmatrix}$ vom Nullpunkt aus ab. An seinen Endpunkt hängen wir $\vec{b} = \begin{pmatrix} 1 \\ 3 \end{pmatrix}$ an. Durch $\vec{a}$ und $\vec{b}$ ist ein Vektor definiert: der Vektor, der vom Anfangspunkt von $\vec{a}$ zum Endpunkt von $\vec{b}$ weist. Man nennt ihn den „Summenvektor" $\vec{a} + \vec{b}$.

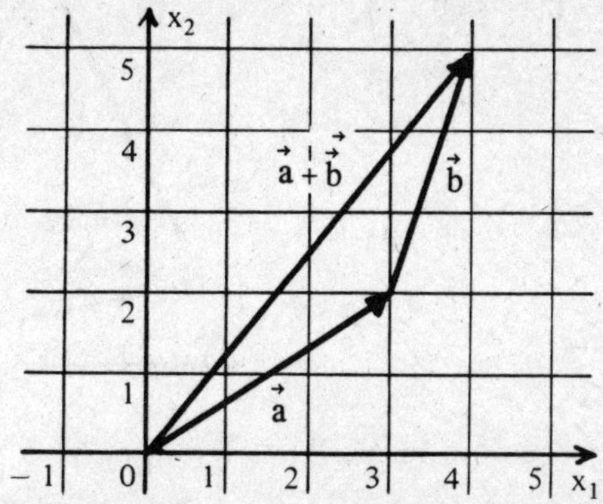

Lesen Sie aus der Zeichnung die Komponenten von $\vec{a} + \vec{b}$ ab. Hat $\vec{b} + \vec{a}$ die gleichen Komponenten?

D 6 Zwei Vektoren können Sie rein rechnerisch addieren.

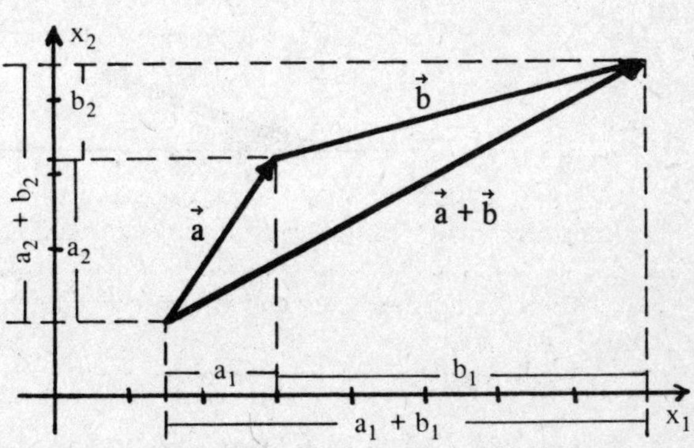

Der Skizze nach erhalten Sie die Komponenten des Summenvektors, wenn Sie die Komponenten der einzelnen Vektoren addieren:

$$\begin{pmatrix} a_1 \\ a_2 \end{pmatrix} + \begin{pmatrix} b_1 \\ b_2 \end{pmatrix} = \begin{pmatrix} a_1 + b_1 \\ a_2 + b_2 \end{pmatrix}$$

Addieren Sie rechnerisch und zeichnerisch

$\vec{a} = \begin{pmatrix} 1 \\ 2 \end{pmatrix}$ und $\vec{b} = \begin{pmatrix} 4 \\ -1 \end{pmatrix}$.

D 7 Die Additionsregel gilt auch dann, wenn negative Komponenten vorkommen:

$$\begin{pmatrix} -3 \\ 5 \end{pmatrix} + \begin{pmatrix} -2 \\ -4 \end{pmatrix} = \begin{pmatrix} -5 \\ 1 \end{pmatrix}$$

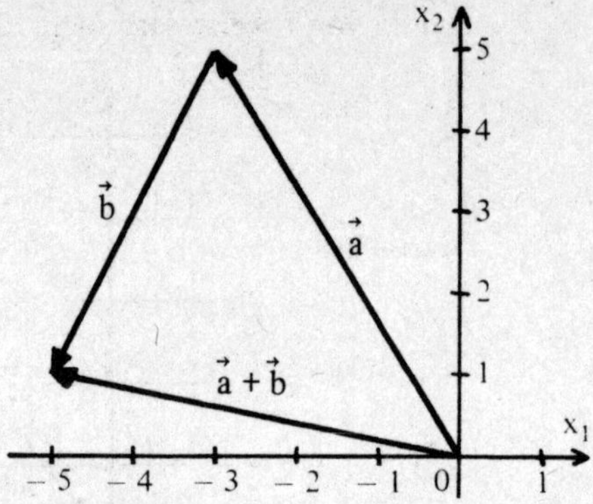

Addieren Sie zeichnerisch und rechnerisch

$\vec{a} = \begin{pmatrix} -3 \\ 2 \end{pmatrix}$ und $\vec{b} = \begin{pmatrix} 2 \\ -3 \end{pmatrix}$.

D 8 Wir addieren zum Vektor $\begin{pmatrix} 3 \\ 1 \end{pmatrix}$ den Vektor $\begin{pmatrix} -3 \\ -1 \end{pmatrix}$. Die Zeichnung zeigt:

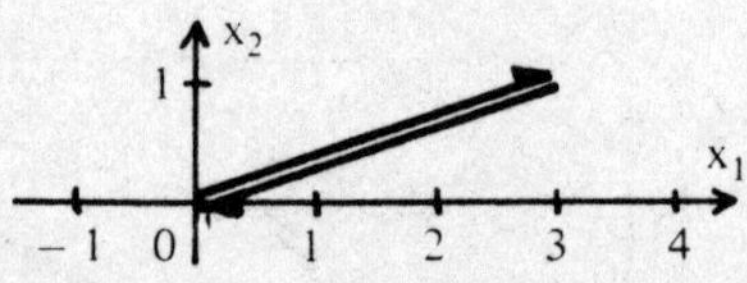

Sie kommen wieder zum Ausgangspunkt zurück. Rechnerisch ergibt sich

$$\begin{pmatrix} 3 \\ 4 \end{pmatrix} + \begin{pmatrix} -3 \\ -4 \end{pmatrix} = \begin{pmatrix} 0 \\ 0 \end{pmatrix}.$$

Das Zahlenpaar $\vec{o} = \begin{pmatrix} 0 \\ 0 \end{pmatrix}$ ist der Nullvektor. Er hat keine Richtung.

Seine Länge ist Null.

Zwei Vektoren, deren Summe der Nullvektor ist, heißen „entgegengesetzt". Ist der eine $\vec{a}$, so bezeichnet man den entgegengesetzten mit $-\vec{a}$. Es gilt also stets

$$\boxed{\vec{a} + (-\vec{a}) = \vec{o}}$$

Der entgegengesetzte Vektor entsteht, wenn man die Vorzeichen der Komponenten umkehrt.

Welcher Vektor ist zu $\begin{pmatrix} -3 \\ 5 \end{pmatrix}$ entgegengesetzt?

D 9 Die „Vektorgleichung" $\vec{a} + \vec{x} = \vec{o}$
hat als Lösung $\vec{x} = -\vec{a}$, da $\vec{a} + (-\vec{a}) = \vec{o}$ ist.
Wir suchen die Lösung von

$$\begin{pmatrix} 2 \\ 3 \end{pmatrix} + \vec{x} = \begin{pmatrix} 5 \\ -1 \end{pmatrix}.$$

Da Vektoren genau dann gleich sind, wenn ihre Komponenten gleich sind, muß gelten

$$\begin{pmatrix} 2 \\ 3 \end{pmatrix} + \begin{pmatrix} x_1 \\ x_2 \end{pmatrix} = \begin{pmatrix} 5 \\ -1 \end{pmatrix} \quad \text{oder} \quad \begin{aligned} 2 + x_1 &= 5 \\ 3 + x_2 &= -1. \end{aligned}$$

Es ist also

$$\begin{aligned} x_1 &= 3 \\ x_2 &= -4 \end{aligned} \quad \text{oder} \quad \vec{x} = \begin{pmatrix} 3 \\ -4 \end{pmatrix}.$$

Lösen Sie die Vektorgleichung

$$\begin{pmatrix} -1 \\ -3 \end{pmatrix} + \vec{x} = \begin{pmatrix} -5 \\ -1 \end{pmatrix}$$

nach $\vec{x}$ auf.

D 10 Es sei $\vec{a} = \begin{pmatrix} a_1 \\ a_2 \end{pmatrix}$ und $\vec{b} = \begin{pmatrix} b_1 \\ b_2 \end{pmatrix}$. Die Vektorgleichung $\vec{a} + \vec{x} = \vec{b}$ hat dann die Lösung

$$\vec{x} = \begin{pmatrix} b_1 - a_1 \\ b_2 - a_2 \end{pmatrix}.$$

Wir schreiben diesen „Differenzvektor" $\vec{b} - \vec{a}$. Damit gilt wie beim Rechnen mit Zahlen

$$\boxed{\vec{a} + \vec{x} = \vec{b} \Rightarrow \vec{x} = \vec{b} - \vec{a}.}$$

Wegen

$$\begin{pmatrix} b_1 - a_1 \\ b_2 - a_2 \end{pmatrix} = \begin{pmatrix} b_1 + (-a_1) \\ b_2 + (-a_2) \end{pmatrix}$$

können Sie auch schreiben

$$\boxed{\vec{b} - \vec{a} = \vec{b} + (-\vec{a})}$$

Lösen Sie $\vec{a} + \vec{x} = \vec{a}$ nach $\vec{x}$ auf.

D 11 $\vec{a}$ und $\vec{b}$ sind die Ortsvektoren der Punkte A und B. $\overrightarrow{AB}$ sei der Verbindungsvektor von A nach B.

Dann gilt

$\vec{a} + \overrightarrow{AB} = \vec{b}$.

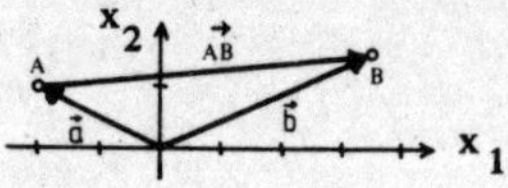

Wir lösen die Gleichung nach $\overrightarrow{AB}$ auf und erhalten

$$\boxed{\overrightarrow{AB} = \vec{b} - \vec{a}.}$$

Der Verbindungsvektor zweier Punkte ist also gleich der Differenz ihrer Ortsvektoren. Achten Sie dabei auf die Reihenfolge. $\vec{a} - \vec{b}$ ist der Verbindungsvektor $\overrightarrow{BA}$.

Bestimmen Sie im Viereck A(– 2 | – 1), B(3 | 0), C(5 | 1), D(0 | 0) $\overrightarrow{AB}$, $\overrightarrow{CD}$, $\overrightarrow{AC}$ und $\overrightarrow{BD}$. Sind unter den Verbindungsvektoren gleiche?

Übungen zu Programm D

1 Markieren Sie in einem ebenen Koordinatensystem die Ortsvektoren von A(5 | 0), B(0 | – 2), C(– 3 | – 1).

---

2 Tragen Sie den Vektor $\begin{pmatrix} -2 \\ 1 \end{pmatrix}$ in den Punkten A(– 3 | 0), B(– 1 | 0) und C(2 | 0) an.

---

3 Addieren Sie die Vektoren

$\vec{a} = \begin{pmatrix} 0 \\ 1 \end{pmatrix}$ und $\vec{b} = \begin{pmatrix} -2 \\ -3 \end{pmatrix}$

zeichnerisch. Stellen Sie den Summenvektor in Komponenten dar.

---

4 Addieren Sie rechnerisch

a) $\begin{pmatrix} 5 \\ -3 \end{pmatrix}$ und $\begin{pmatrix} -2 \\ -1 \end{pmatrix}$, b) $\begin{pmatrix} 0 \\ -7 \end{pmatrix}$ und $\begin{pmatrix} -3 \\ 5 \end{pmatrix}$.

---

5 Bilden Sie rechnerisch und zeichnerisch die Summe aus den Vektoren

$\vec{a} = \begin{pmatrix} 1 \\ 2 \end{pmatrix}$; $\vec{b} = \begin{pmatrix} -2 \\ 1 \end{pmatrix}$; $\vec{c} = \begin{pmatrix} 4 \\ -4 \end{pmatrix}$.

---

6 Wie heißt der entgegengesetzte Vektor zu

a) $\begin{pmatrix} 5 \\ 3 \end{pmatrix}$, b) $\begin{pmatrix} -2 \\ -4 \end{pmatrix}$, c) $\begin{pmatrix} -3 \\ 0 \end{pmatrix}$, d) $\begin{pmatrix} 0 \\ 0 \end{pmatrix}$?

---

7 Bilden Sie die Differenzen

a) $\begin{pmatrix} 2 \\ 3 \end{pmatrix} - \begin{pmatrix} 1 \\ 4 \end{pmatrix}$, b) $\begin{pmatrix} 3 \\ 2 \end{pmatrix} - \begin{pmatrix} -1 \\ -5 \end{pmatrix}$, c) $\begin{pmatrix} 0 \\ 0 \end{pmatrix} - \begin{pmatrix} -1 \\ 2 \end{pmatrix}$.

---

8 Die Punkte A(0 | 0), B(5 | 0), C(5 | 2) und D(0 | 2) bilden ein Viereck. Gibt es unter den Vektoren $\overrightarrow{AB}$, $\overrightarrow{BC}$, $\overrightarrow{CD}$, $\overrightarrow{DA}$ zwei gleiche? Was ist die Summe der vier Vektoren?

---

9 Lösen Sie die Vektorgleichungen

a) $\begin{pmatrix} 5 \\ 2 \end{pmatrix} + \vec{x} = \begin{pmatrix} 3 \\ 0 \end{pmatrix}$, b) $\begin{pmatrix} -2 \\ 0 \end{pmatrix} + \vec{x} = \begin{pmatrix} -1 \\ -3 \end{pmatrix}$, c) $\begin{pmatrix} -5 \\ 3 \end{pmatrix} = \vec{x} - \begin{pmatrix} -4 \\ -3 \end{pmatrix}$.

E Produkt von Zahl und Vektor

E 1 Wir tragen den Vektor

$\vec{a} = \begin{pmatrix} 2 \\ 1 \end{pmatrix}$

dreimal hintereinander ab.

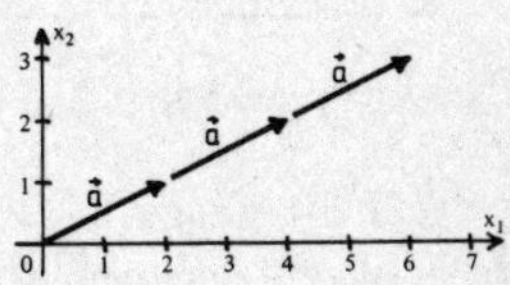

Die Zeichnung zeigt: Der Summenvektor ist dreimal so lang wie $\vec{a}$. Rechnerisch ergibt sich

$$\vec{a} + \vec{a} + \vec{a} = \begin{pmatrix} 2 \\ 1 \end{pmatrix} + \begin{pmatrix} 2 \\ 1 \end{pmatrix} + \begin{pmatrix} 2 \\ 1 \end{pmatrix} = \begin{pmatrix} 6 \\ 3 \end{pmatrix}.$$

Die Komponenten des Summenvektors sind das Dreifache der Komponenten von $\vec{a}$. Wir schreiben daher kurz $\vec{a} + \vec{a} + \vec{a} = 3\,\vec{a}$.

In dem Term $3\,\vec{a}$ wird eine Zahl, also ein Skalar, mit einem Vektor multipliziert.

Zeigen Sie, daß auch für $\vec{b} = \begin{pmatrix} 2 \\ -3 \end{pmatrix}$ gilt:

$$\vec{b} + \vec{b} + \vec{b} + \vec{b} = \begin{pmatrix} 4 \cdot 2 \\ 4 \cdot (-3) \end{pmatrix}$$

E 2 Wenn Sie die Komponenten von $\vec{a} = \begin{pmatrix} 6 \\ 8 \end{pmatrix}$ halbieren, erhalten Sie den Vektor $\begin{pmatrix} 3 \\ 4 \end{pmatrix}$. Er hat die gleiche Richtung wie $\vec{a}$, jedoch nur die halbe Länge. Wir schreiben ihn $\frac{1}{2}\vec{a}$ oder $\frac{\vec{a}}{2}$.

Allgemein versteht man unter $s\vec{a}$ den Vektor, dessen Komponenten s-mal so groß sind wie die von $\vec{a}$:

$$s \begin{pmatrix} a_1 \\ a_2 \end{pmatrix} = \begin{pmatrix} sa_1 \\ sa_2 \end{pmatrix}$$

Ist $s > 0$, so hat $s\vec{a}$ dieselbe Richtung wie $\vec{a}$, jedoch die s-fache Länge.

Zeichnen Sie vom Nullpunkt aus die Vektoren

$\vec{a}_s = s\begin{pmatrix} 2 \\ 1 \end{pmatrix}$ für $s = 1, 2, \frac{3}{2}$

in ein ebenes Koordinatensystem.

E 3 Ist $\vec{a} = \begin{pmatrix} 2 \\ 1 \end{pmatrix}$, so hat $\vec{b} = -3\,\vec{a}$

die dreifache Länge,
jedoch die entgegengesetzte
Richtung von $\vec{a}$:

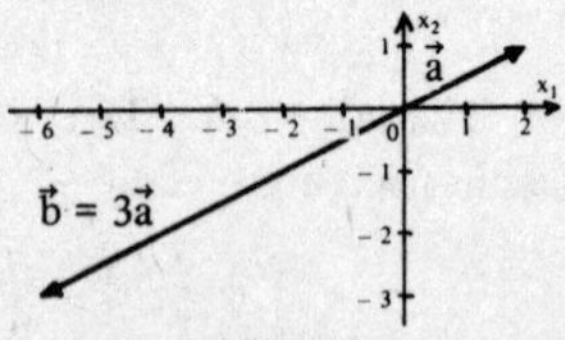

Tragen Sie

$$\vec{a} = \begin{pmatrix} -2 \\ 1 \end{pmatrix}; \quad \vec{b} = 2\begin{pmatrix} -2 \\ 1 \end{pmatrix}; \quad \vec{c} = \begin{pmatrix} 3 \\ -1{,}5 \end{pmatrix}$$

vom Nullpunkt aus ab. Welche besondere Lage haben die Endpunkte?

E 4 Für die Multiplikation von Vektoren mit Zahlen gilt das distributive Gesetz:

$$\boxed{s(\vec{a} + \vec{b}) = s\vec{a} + s\vec{b}}$$

Es ist nämlich

$$s(\vec{a} + \vec{b}) = s\begin{pmatrix} a_1 + b_1 \\ a_2 + b_2 \end{pmatrix} = \begin{pmatrix} s(a_1 + b_1) \\ s(a_2 + b_2) \end{pmatrix} = \begin{pmatrix} sa_1 + sb_1 \\ sa_2 + sb_2 \end{pmatrix} =$$

$$= \begin{pmatrix} sa_1 \\ sa_2 \end{pmatrix} + \begin{pmatrix} sb_1 \\ sb_2 \end{pmatrix} = s\begin{pmatrix} a_1 \\ a_2 \end{pmatrix} + s\begin{pmatrix} b_1 \\ b_2 \end{pmatrix} = s\vec{a} + s\vec{b}.$$

Es gibt noch ein zweites distributives Gesetz:

$$\boxed{(s + t)\vec{a} = s\vec{a} + t\vec{a}}$$

Beweisen Sie es rechnerisch.

E 5 Auch das assoziative Gesetz gilt:

$$\boxed{(s \cdot t)\vec{a} = s(t\vec{a})}$$

Beweis:

$$(s \cdot t)\vec{a} = (st)\begin{pmatrix} a_1 \\ a_2 \end{pmatrix} = \begin{pmatrix} (st)a_1 \\ (st)a_2 \end{pmatrix} = \begin{pmatrix} s(ta_1) \\ s(ta_2) \end{pmatrix} = s\begin{pmatrix} ta_1 \\ ta_2 \end{pmatrix} = s(t\vec{a}).$$

Da es auf die Stellung der Klammern nicht ankommt, kann man sie weglassen und einfach $st\vec{a}$ schreiben.

Vereinfachen Sie

$$15\left(\frac{1}{3}\begin{pmatrix} 2 \\ 3 \end{pmatrix}\right).$$

E 6 Die bisher abgeleiteten Rechengesetze erlauben Ihnen, Vektoren zusammenzufassen:

$$2\,[\vec{a} + 2\,\vec{b}^{c} - 3\,\vec{a} + 5\,\vec{b} = 2\,\vec{a} + 4\,\vec{b} - 3\,\vec{a} + 5\,\vec{b} = -\,\vec{a} + 9\,\vec{b}\,.$$

Vereinfachen Sie

$$\frac{\vec{a}}{2} + \frac{3}{4}\vec{b} - \vec{c} + \frac{5}{2}\,\vec{a} + \vec{c}.$$

E 7 Ebenso wie Gleichungen mit Zahlen können Sie auch Vektorgleichungen auflösen:

$$3\,\vec{a} + 2\,\vec{x} = 5\,\vec{b}$$

$$2\,\vec{x} = 5\,\vec{b} - 3\,\vec{a}$$

$$\vec{x} = \frac{5}{2}\vec{b} - \frac{3}{2}\,\vec{a}.$$

Lösen Sie die Gleichung $\vec{c} = s\vec{a} + t\vec{b}$ $(s \neq 0)$ nach $\vec{a}$ auf.

Übungen zu Programm E

1 Berechnen Sie

a) $-2\begin{pmatrix}5\\0\end{pmatrix}$, b) $\frac{1}{2}\begin{pmatrix}-8\\4\end{pmatrix}$, c) $0\cdot\begin{pmatrix}1\\-3\end{pmatrix}$,

d) $2\begin{pmatrix}3\\5\end{pmatrix} + 3\begin{pmatrix}-6\\0\end{pmatrix}$, e) $\begin{pmatrix}4\\0\end{pmatrix} - 3\begin{pmatrix}-3\\0\end{pmatrix}$, f) $s\begin{pmatrix}2\\3\end{pmatrix} + t\begin{pmatrix}1\\2\end{pmatrix}$,

g) $5\left[\begin{pmatrix}2\\4\end{pmatrix} + \begin{pmatrix}3\\0\end{pmatrix}\right]$, h) $-3\left[\begin{pmatrix}0\\2\end{pmatrix} - \begin{pmatrix}2\\0\end{pmatrix}\right]$.

---

2 Vereinfachen Sie die Terme

a) $2\,(\vec{a} + \vec{b}) - 2\,(\vec{a} - \vec{b})$, b) $\frac{\vec{a}}{2} + \frac{\vec{a}}{3} - \vec{b} - \frac{\vec{b}}{2}$.

---

3 Lösen Sie nach x auf:

a) $\begin{pmatrix}2\\3\end{pmatrix} + 2\,\vec{x} = \begin{pmatrix}6\\7\end{pmatrix}$, b) $3\begin{pmatrix}1\\2\end{pmatrix} + \vec{x} = \begin{pmatrix}5\\3\end{pmatrix}$, c) $\vec{a} + \vec{x} = 7\,\vec{a}$,

d) $3\,\vec{b} - \vec{x} = \vec{a}$, e) $4\,\vec{a} + 3\,\vec{x} = 6\,\vec{a}$.

---

4 Weshalb hat $\begin{pmatrix}3\\2\end{pmatrix} + \vec{x} = 5$ keine Lösung?

F Das Skalarprodukt

F 1 Das „Skalarprodukt“ von zwei Vektoren ist definiert durch die Gleichung

$$\vec{a}\,\vec{b} = \begin{pmatrix} a_1 \\ a_2 \end{pmatrix} \begin{pmatrix} b_1 \\ b_2 \end{pmatrix} = a_1\, b_1 + a_2\, b_2$$

Berechnen Sie

a) $\begin{pmatrix} 2 \\ 3 \end{pmatrix} \begin{pmatrix} 4 \\ -7 \end{pmatrix}$, b) $\begin{pmatrix} 3 \\ -4 \end{pmatrix} \begin{pmatrix} 8 \\ 6 \end{pmatrix}$; d) $\begin{pmatrix} 2 \\ 3 \end{pmatrix} \begin{pmatrix} 4 \\ -5 \end{pmatrix}$.

F 2 Wir prüfen, inwieweit sich die Multiplikationsregeln für Zahlen auf Vektoren übertragen lassen. Man beweist leicht, daß das kommutative Gesetz der Multiplikation

$$\vec{a}\vec{b} = \vec{b}\vec{a}$$

gilt:

$$\vec{a}\vec{b} = \begin{pmatrix} a_1 \\ a_2 \end{pmatrix} \begin{pmatrix} b_1 \\ b_2 \end{pmatrix} = a_1\, b_1 + a_2\, b_2 = b_1\, a_1 + b_2\, a_2$$

$$= \begin{pmatrix} b_1 \\ b_2 \end{pmatrix} \begin{pmatrix} a_1 \\ a_2 \end{pmatrix} = \vec{b}\vec{a}.$$

Beweisen Sie, daß auch das distributive Gesetz

$$(\vec{a} + \vec{b})\,\vec{c} = \vec{a}\vec{c} + \vec{b}\vec{c}$$

erfüllt ist.

F 3 Ein assoziatives Gesetz der Multiplikation kann es für Vektoren nicht geben. Im allgemeinen ist

$(\vec{a}\vec{b})\,\vec{c} \neq \vec{a}\,(\vec{b}\vec{c})$;

denn links steht ein Vektor parallel zu $\vec{c}$, rechts einer parallel zu $\vec{a}$. Bilden Sie für

$$\vec{a} = \begin{pmatrix} 2 \\ 3 \end{pmatrix}, \quad \vec{b} = \begin{pmatrix} 1 \\ 1 \end{pmatrix}, \quad \vec{c} = \begin{pmatrix} -2 \\ 0 \end{pmatrix}$$

die Produkte $(\vec{a}\vec{b})\vec{c}$ und $\vec{a}\,(\vec{b}\vec{c})$ und vergleichen Sie diese.

F 4 . ır die Multiplikation eines Skalarproduktes mit einem Skalar gibt es ein assoziatives Gesetz:

$$s\,(\vec{a}\,\vec{b}) = (s\vec{a})\,\vec{b}$$

Sie beweisen es, indem Sie $\vec{a}$ und $\vec{b}$ in Komponenten schreiben und die Terme auf beiden Seiten ausmultiplizieren.

Führen Sie diesen Beweis durch.

F 5 Das Produkt $\begin{pmatrix}1\\3\end{pmatrix}\begin{pmatrix}3\\-1\end{pmatrix}$

ist Null. Hier zeigt sich eine bemerkenswerte Eigenschaft des Skalarproduktes: Es kann auch dann Null werden, wenn keiner der Faktoren der Nullvektor ist.

Geben Sie einen Vektor an, der mit $\begin{pmatrix}5\\-4\end{pmatrix}$ multipliziert Null ergibt.

Ist dieser Vektor eindeutig bestimmt?

F 6 Wir zeichnen die Vektoren

$\begin{pmatrix}1\\3\end{pmatrix}$ und $\begin{pmatrix}3\\-1\end{pmatrix}$.

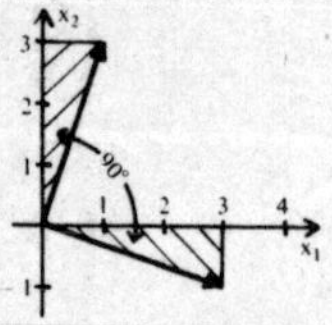

Es entstehen zwei gleiche rechtwinklige Dreiecke. Sie gehen durch eine 90°-Drehung auseinander hervor. Die Vektoren stehen also aufeinander senkrecht. Statt „senkrecht“ sagt man auch „orthogonal“ oder „normal“. $\begin{pmatrix}3\\-1\end{pmatrix}$ ist demnach ein „Normalenvektor“ zu $\begin{pmatrix}1\\3\end{pmatrix}$. Umgekehrt ist $\begin{pmatrix}1\\3\end{pmatrix}$ ein Normalenvektor zu $\begin{pmatrix}3\\-1\end{pmatrix}$.

Zeigen Sie anhand einer Skizze, daß $\begin{pmatrix}b\\-a\end{pmatrix}$ und $\begin{pmatrix}-b\\a\end{pmatrix}$ Normalenvektoren zu $\begin{pmatrix}a\\b\end{pmatrix}$ sind. Berechnen Sie die Skalarprodukte.

F 7 Das Skalarprodukt zweier orthogonaler Vektoren ist stets Null. Umgekehrt:

> Ist $\vec{a}\,\vec{b} = 0$, gilt entweder $\vec{a} = \vec{o}$ oder $\vec{b} = \vec{o}$ oder die Vektoren stehen aufeinander senkrecht.

Beweis:

$\vec{a} = \begin{matrix} a_1 \\ a_2 \end{matrix}$ und $\vec{b} = \begin{pmatrix} b_1 \\ b_2 \end{pmatrix}$ seien zwei Vektoren, deren Skalarprodukt

Null ist: $a_1\, b_1 + a_2\, b_2 = 0$.

Diese Gleichung ist für $\vec{a} = \begin{pmatrix} 0 \\ 0 \end{pmatrix}$ und für $\vec{b} = \begin{pmatrix} 0 \\ 0 \end{pmatrix}$ erfüllt.

Ist etwa $a_2 \neq 0$, so folgt $b_2 = -\, a_1 \dfrac{b_1}{a_2}$.

Weil außerdem die selbstverständliche Gleichung $b_1 = a_2 \dfrac{b_1}{a_2}$ gilt, ist mit der Abkürzung $k = \dfrac{b_1}{a_2}$ $b_1 = ka_2, b_2 = -\, ka_1$ oder vektoriell geschrieben: $\vec{b} = k \begin{pmatrix} a_2 \\ -a_1 \end{pmatrix}$.

$\vec{b}$ ist parallel zum Normalenvektor $\begin{pmatrix} a_2 \\ -a_1 \end{pmatrix}$ von $\vec{a}$ und steht demnach auf $\vec{a}$ senkrecht.

Geben Sie zu $\begin{pmatrix} a \\ 0 \end{pmatrix}$ sämtliche Normalenvektoren an.

F 8 Das Skalarprodukt eines Vektors $\vec{a}$ mit sich selbst schreibt man kurz $\vec{a}^2$. Mit $\vec{a} = \begin{pmatrix} 3 \\ -4 \end{pmatrix}$ wird also $\vec{a}^2 = \begin{pmatrix} 3 \\ -4 \end{pmatrix}\begin{pmatrix} 3 \\ -4 \end{pmatrix} = 9 + 16 = 25$. Die Figur zeigt, daß dabei nach dem Satz von Pythagoras das Quadrat der Länge des Vektors $\vec{a}$ entsteht; man bezeichnet die Länge von $\vec{a}$ mit $|\vec{a}|$ oder a ohne Pfeil.

Also gilt

> $a^2 = |\vec{a}|^2 = \vec{a}^2$ = Quadrat der Länge von $\vec{a}$.

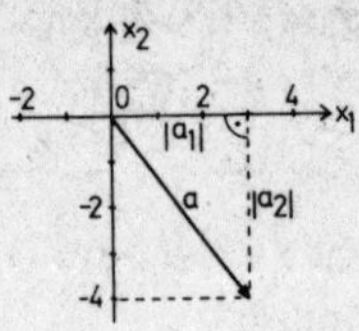

Berechnen Sie die Länge der Vektoren $\vec{a} = \begin{pmatrix} -5 \\ 12 \end{pmatrix}$, $\vec{b} = \begin{pmatrix} -7 \\ -15 \end{pmatrix}$ und $\vec{c} = \begin{pmatrix} 6 \\ 7 \end{pmatrix}$.

F 9 Teilt man einen Vektor $\vec{a} \neq \vec{o}$ durch seine Länge a oder multipliziert man ihn mit $\frac{1}{a}$, erhält man einen Vektor der gleichen Richtung wie $\vec{a}$, aber mit der Länge 1. Man nennt ihn den zu $\vec{a}$ gehörenden Einheitsvektor und bezeichnet ihn mit $\vec{a}^0$.
Also gilt

$$\boxed{\vec{a}^0 = \frac{1}{a}\,\vec{a}.}$$

Zum Nullvektor gibt es keinen Einheitsvektor.

Berechnen Sie die zu $\vec{a} = \begin{pmatrix} 2{,}4 \\ 1 \end{pmatrix}$, $\vec{b} = \begin{pmatrix} 7 \\ -8 \end{pmatrix}$ und $\vec{c} = \begin{pmatrix} 0{,}6 \\ -0{,}8 \end{pmatrix}$ gehörenden Einheitsvektoren.

F 10 Die Vektoren $\vec{a} = \begin{pmatrix} 3 \\ 4 \end{pmatrix}$ und $\vec{b} = \begin{pmatrix} 12 \\ 5 \end{pmatrix}$ haben die Längen a = 5 und b = 13. Ihr Skalarprodukt ist $\vec{a}\vec{b} = 36 + 20 = 56$, das Produkt ihrer Längen a b = 5 · 13 = 65. Das Beispiel zeigt, daß das Skalarprodukt zweier Vektoren im allgemeinen vom Produkt ihrer Längen verschieden ist.
Prüfen Sie diese Regel auch für die Vektorpaare $\vec{a} = \begin{pmatrix} -7 \\ 5 \end{pmatrix}$, $\vec{b} = \begin{pmatrix} 3 \\ -6 \end{pmatrix}$ und $\vec{c} = \begin{pmatrix} 6 \\ 8 \end{pmatrix}$, $\vec{d} = \begin{pmatrix} -3 \\ -4 \end{pmatrix}$.

F 11 Gilt für zwei Vektoren $\vec{a} = s\,\vec{b}$ oder $\vec{b} = t\,\vec{a}$, heißen sie kollinear. Sie sind nach Abschnitt E dann gleich- oder entgegengerichtet.
Welche zwei der folgenden Vektoren sind kollinear?

$\vec{a} = \begin{pmatrix} 4 \\ -6 \end{pmatrix}$, $\vec{b} = \begin{pmatrix} 5 \\ -7 \end{pmatrix}$, $\vec{c} = \begin{pmatrix} -6 \\ 9 \end{pmatrix}$

F 12 Die Regel von F 9 läßt sich umstellen:

$$\boxed{\vec{a} = a \cdot \vec{a}^0}$$

In dieser Form zeigt sie, daß sich jeder Vektor als Produkt seiner Länge mit dem zugehörigen Einheitsvektor darstellen läßt. So ist

$$\begin{pmatrix} 12 \\ 5 \end{pmatrix} = 13 \cdot \begin{pmatrix} 12/13 \\ 5/13 \end{pmatrix}$$

Stellen Sie die kollinearen Vektoren

$\vec{a} = \begin{pmatrix} -7 \\ 5 \end{pmatrix}, \vec{b} = \begin{pmatrix} -4{,}2 \\ 3 \end{pmatrix}$ und $\vec{c} = \begin{pmatrix} 2{,}8 \\ -2 \end{pmatrix}$ in gleicher Weise dar.

F 13 Sind zwei kollineare Vektoren $\vec{a}$ und $\vec{b}$ gleichgerichtet, gehört zu ihnen derselbe Einheitsvektor $\vec{a}^0 = \vec{b}^0$. Dann wird nach F 12
$\vec{a}\vec{b} = a\vec{a}^0 \cdot b\vec{b}^0 = ab \cdot (\vec{a}^0)^2 = ab \cdot 1 = ab.$
Rechnen Sie $\vec{a}\vec{b} = ab$ am Beispiel der kollinearen Vektoren $\vec{a} = \begin{pmatrix} -8 \\ 6 \end{pmatrix}$ und $\vec{b} = \begin{pmatrix} -12 \\ 9 \end{pmatrix}$ nach.

F 14 Sind zwei kollineare Vektoren $\vec{a}$ und $\vec{b}$ entgegengesetzt gerichtet, gilt das auch für ihre Einheitsvektoren: $\vec{a}^0 = -\vec{b}^0$. Deren Skalarprodukt wird dann $\vec{a}^0\vec{b}^0 = \vec{a}^0 \cdot (-\vec{a}^0) = -(\vec{a}^0)^2 = -1.$
Zeigen Sie, daß dann $\vec{a}\vec{b} = -ab$ gilt.

F 15 F 13 und F 14 lassen sich zu der Regel zusammenfassen:

> Sind zwei Vektoren $\vec{a}$ und $\vec{b}$ kollinear, gilt $\vec{a}\vec{b} = \pm ab$.
> Das Produkt ist positiv, wenn $\vec{a}$ und $\vec{b}$ gleichgerichtet, negativ, wenn sie entgegengesetzt gerichtet sind.

Zeigen Sie, daß die Vektoren $\vec{a} = \begin{pmatrix} \sqrt{5} \\ -2 \end{pmatrix}$ und $\vec{b} = \begin{pmatrix} -\sqrt{20} \\ 4 \end{pmatrix}$ kollinear sind, und bestätigen Sie an ihnen diese Regel.

Übungen zu Programm F

1 Bilden Sie die Skalarprodukte

a) $\begin{pmatrix}2\\3\end{pmatrix}\begin{pmatrix}3\\2\end{pmatrix}$, b) $\begin{pmatrix}1\\0\end{pmatrix}\begin{pmatrix}0\\-3\end{pmatrix}$, c) $\begin{pmatrix}1\\3\end{pmatrix}\cdot\begin{pmatrix}\sqrt{2}\\-1\end{pmatrix}$.

---

2 Vereinfachen Sie

a) $\left[\begin{pmatrix}3\\4\end{pmatrix}\begin{pmatrix}2\\-1\end{pmatrix}\right]\begin{pmatrix}1\\3\end{pmatrix}$, b) $\begin{pmatrix}3\\4\end{pmatrix}\left[\begin{pmatrix}\sqrt{3}\\-1\end{pmatrix}\begin{pmatrix}2\\1\end{pmatrix}\right]$.

---

3 Für welchen Wert x_2 wird das Skalarprodukt

$$\begin{pmatrix}3\\x_2\end{pmatrix}\begin{pmatrix}1\\2\end{pmatrix}$$

Null?

---

4 Geben Sie Vektoren an, die mit

a) $\begin{pmatrix}2\\3\end{pmatrix}$, b) $\begin{pmatrix}1\\-3\end{pmatrix}$, c) $\begin{pmatrix}-1\\-1\end{pmatrix}$, d) $\begin{pmatrix}0\\3\end{pmatrix}$, e) $\begin{pmatrix}-2\\\sqrt{3}\end{pmatrix}$

multipliziert Null ergeben.

---

5 Wie lang sind die Vektoren

$\vec{a} = \begin{pmatrix}2\\4\end{pmatrix}$, $\vec{b} = \begin{pmatrix}-6\\0\end{pmatrix}$, $\vec{c} = \begin{pmatrix}3\\\sqrt{6}\end{pmatrix}$, $\vec{d} = \begin{pmatrix}\sqrt{2}\\\sqrt{5}\end{pmatrix}$?

---

6 Welche Komponenten haben die Einheitsvektoren, die mit

$\vec{a} = \begin{pmatrix}9\\-12\end{pmatrix}$, $\vec{b} = \begin{pmatrix}-3\\2\end{pmatrix}$, $\vec{c} = \begin{pmatrix}-3\\\sqrt{7}\end{pmatrix}$, $d = \begin{pmatrix}1\\\sqrt{2}\end{pmatrix}$

parallel und gleichgerichtet sind?

---

7 Wie groß muß a_2 sein, damit $\vec{a}\,\vec{b} = ab$ mit

$\vec{a} = \begin{pmatrix}2\\a_2\end{pmatrix}$, $\vec{b} = \begin{pmatrix}5\\-6\end{pmatrix}$

gilt?

---

8 Wie groß muß b_1 sein, damit $\vec{a}\,\vec{b} = -ab$ mit

$\vec{a} = \begin{pmatrix}3\\7\end{pmatrix}$, $\vec{b} = \begin{pmatrix}b_1\\-4\end{pmatrix}$

gilt?

Test II

Aufgabe D

Lösen Sie die Vektorgleichung

$$\begin{pmatrix}2\\1\end{pmatrix} + \vec{x} + \begin{pmatrix}3\\-1\end{pmatrix} = \vec{o}$$

nach $\vec{x}$ auf. Zeichnen Sie die Vektoren so in ein Koordinatensystem, daß $\begin{pmatrix}2\\1\end{pmatrix}$ ein Ortsvektor ist.

Aufgabe E

Lösen Sie die Vektorgleichung

$$2\begin{pmatrix}3\\1\end{pmatrix} + 3\vec{x} = \frac{1}{2}\begin{pmatrix}4\\2\end{pmatrix}$$

nach $\vec{x}$ auf.

Aufgabe F

Gegeben sind $\vec{a} = \begin{pmatrix}-5\\12\end{pmatrix}$, $\vec{b} = \begin{pmatrix}4\\7\end{pmatrix}$ und $\vec{c} = \begin{pmatrix}9\\c_2\end{pmatrix}$.

a) Wie lang sind $\vec{a}$ und $\vec{b}$?

b) Sind $\vec{a}$ und $\vec{b}$ kollinear?

c) Wie groß muß c_2 sein, damit $\vec{a}\,\vec{c} = -ac$ gilt?

III. Teil: Die trigonometrischen Funktionen beliebiger Winkel

G Die Sinusfunktion

G 1 Die x_1x_2-Ebene wird durch die Koordinatenachsen in vier Quadranten I, II, III und IV geteilt.

Liegt ein Punkt P im I. Quadranten, so lassen sich die Koordinaten des Ortsvektors $\overrightarrow{OP}$ durch seine Länge r und den Winkel φ, den er mit dem positiven Teil der x_1-Achse einschließt, ausdrücken.

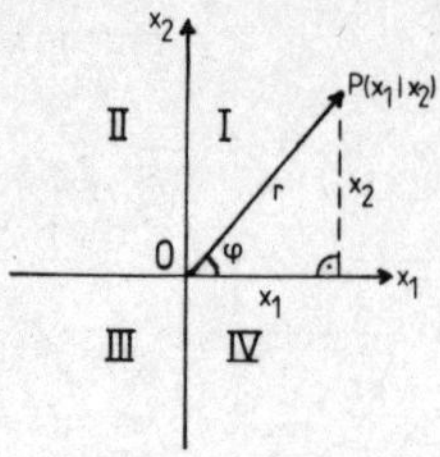

Es ist $\sin\varphi = \frac{x_2}{r}$ und $\cos\varphi = \frac{x_1}{r}$,

also $x_1 = r\cos\varphi$ und $x_2 = r\sin\varphi$. Damit wird $\overrightarrow{OP} = \begin{pmatrix} r\cos\varphi \\ r\sin\varphi \end{pmatrix}$.

Was ist der Einheitsvektor zu $\overrightarrow{OP}$?

G 2 Ist $\overrightarrow{OP}$ ein Einheitsvektor, liegt seine Spitze P auf dem Kreis um 0 mit dem Radius 1, dem „Einheitskreis". Ist φ spitz, gilt dann

$$\overrightarrow{OP} = \begin{pmatrix} \cos\varphi \\ \sin\varphi \end{pmatrix}.$$

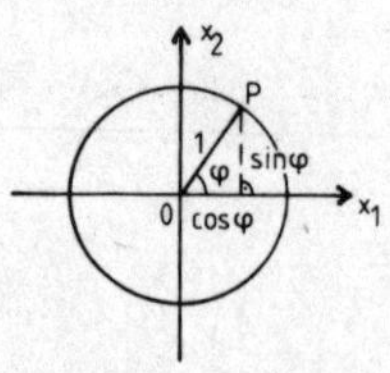

Wir definieren nun auch für andere als spitze Winkel, wenn P auf dem Einheitskreis liegt:

$$\boxed{\overrightarrow{OP} = \begin{pmatrix} \cos\varphi \\ \sin\varphi \end{pmatrix}.}$$

Der Sinus wird also durch die 2. Koordinate, der Cosinus durch die 1. Koordinate eines Punktes auf dem Einheitskreis dargestellt. Danach ist z.B. $\sin 90° = 1$, $\sin 270° = -1$.

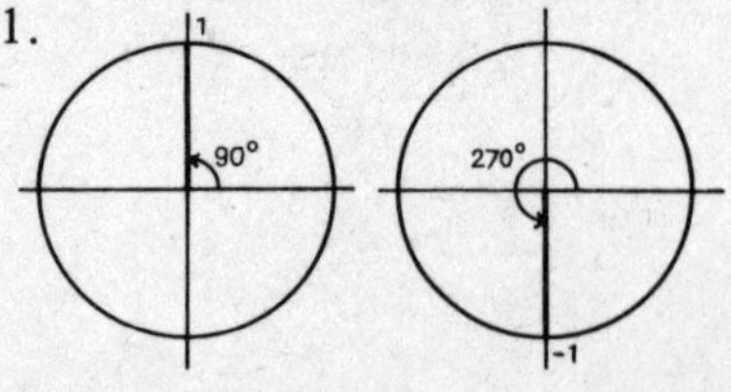

Wie groß sind a) $\sin 180°$, b) $\cos 90°$, c) $\cos 180°$, d) $\cos 270°$?

G 3 Für Sinus und Cosinus ergeben sich folgende Vorzeichen:

Winkel	Sinus	Cosinus
$0° < \varphi < 90°$	+	+
$90° < \varphi < 180°$	+	–
$180° < \varphi < 270°$	–	–
$270° < \varphi < 360°$	–	+

Für welche Winkel ist der Bruch $\frac{\sin \varphi}{\cos \varphi}$ positiv, für welche negativ?

G 4 Nach der erweiterten Definition der Winkelfunktionen ist

$$\overrightarrow{OP'} = \begin{pmatrix} \cos \varphi \\ \sin \varphi \end{pmatrix}.$$

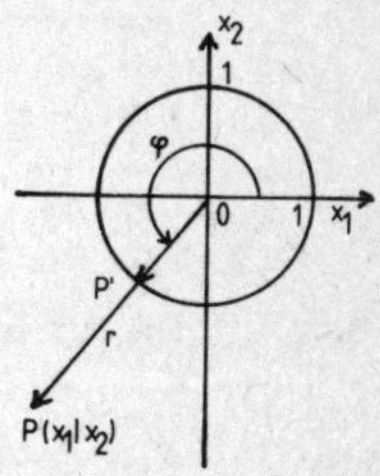

Damit ist nach E 2

$$\overrightarrow{OP} = r\,\overrightarrow{OP'} = r \begin{pmatrix} \cos\varphi \\ \sin\varphi \end{pmatrix} = \begin{pmatrix} r\cos\varphi \\ r\sin\varphi \end{pmatrix}$$

also $x_1 = r \cos\varphi$, $x_2 = r \sin\varphi$.

Man kann somit die Formeln

$$\cos\varphi = \frac{x_1}{r}, \quad \sin\varphi = \frac{x_2}{r}$$

für beliebige Winkel verwenden.

Bestimmen Sie für den Punkt P (–3 | 5) die Werte von $\sin \varphi$ und $\cos \varphi$.

G 5 Die Zeichnung zeigt, daß $\sin 35°$ und $\sin 145°$ gleich groß sind. $\sin 215°$ und $\sin 325°$ haben den gleichen Betrag wie $\sin 35°$, aber das entgegengesetzte Vorzeichen.

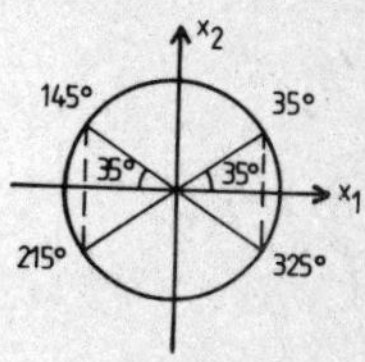

Prüfen Sie mit Ihrem Taschenrechner nach, daß er diese sin-Werte mit den richtigen Vorzeichen anzeigt.

G 6 Allgemein gilt die „Supplementbeziehung“

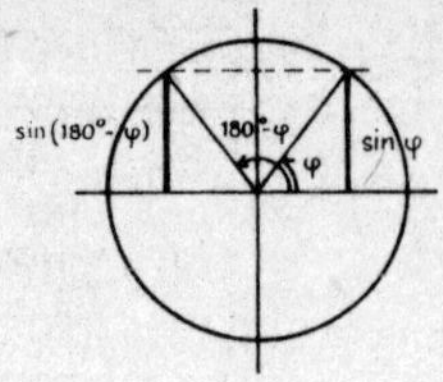

$$\sin(180° - \varphi) = \sin \varphi.$$

Zeichnen Sie Figuren, aus denen man

$$\sin(180° + \varphi) = -\sin \varphi$$

und

$$\sin(360° - \varphi) = -\sin \varphi$$

ablesen kann.

G 7 Wegen der Supplementbeziehung gilt die trigonometrische Flächenformel auch für stumpfwinklige Dreiecke.
Es ist nämlich

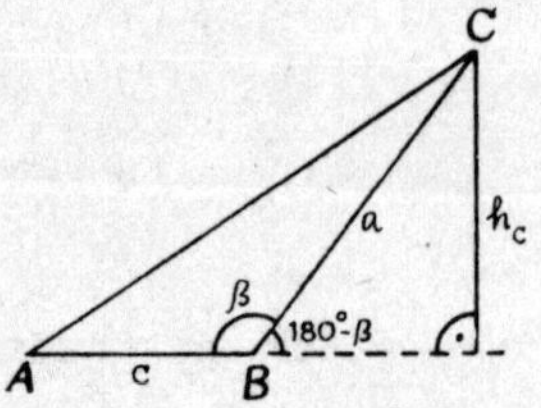

$h_c = a \cdot \sin(180° - \beta) = a \sin \beta$

und folglich

$$A = \frac{c \cdot a}{2} \sin \beta$$

Wie groß ist die Fläche eines Dreiecks mit $b = 4{,}2$, $c = 3{,}5$ und $\alpha = 172°$?

G 8 Um die Sinusfunktion auf beliebige Winkel zu erweitern, geben wir auch Winkeln größer als 360° einen Sinn. Ein Winkel von 450° soll bedeuten: Man geht von der positiven x_1-Achse aus einmal um den ganzen Einheitskreis herum und dann noch um 90° weiter. Der 450°-Punkt liegt auf dem Einheitskreis an derselben Stelle wie der 90°-Punkt.
Es ist also $\sin 450° = \sin 90°$.

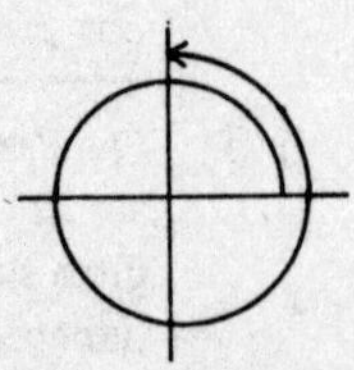

Wie groß ist $\sin 570°$?

G 9 Die Sinusfunktion läßt sich auch für negative Winkel definieren.

Dabei werden die negativen Winkel von der positiven x_1-Achse aus in Drehrichtung des Uhrzeigers gezählt. Die positiven Winkel zählen dagegen wie bisher entgegen dem Uhrzeiger-Drehsinn.

Es ist demnach $\sin(-90^\circ) = -1$.

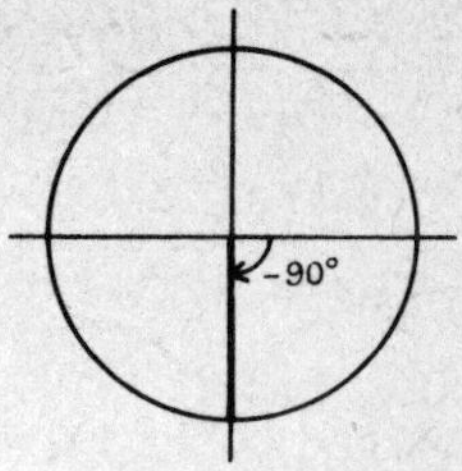

Wie groß sind a) $\sin(-10^\circ)$; b) $\sin(-100^\circ)$; c) $\sin(-1000^\circ)$?

G 10 Den Zeichnungen nach gilt stets

$$\sin(-\varphi) = -\sin\varphi$$

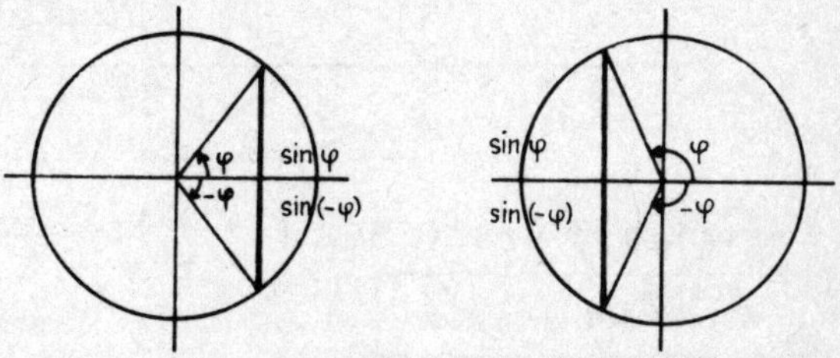

Mit dieser Beziehung finden Sie die Sinuswerte beliebiger negativer Winkel.

Zeigen Sie am Einheitskreis: $\sin(-\varphi) = -\sin\varphi$ gilt auch für Winkel zwischen 180° und 270°.

G 11 Zu jedem positiven oder negativen Winkel φ ist ein Sinuswert eindeutig definiert. Der Sinus ist eine Funktion von φ. φ ist die unabhängige Variable. Wir nennen die abhängige Variable y und stellen die Funk-

$$y = \sin\varphi$$

in einem Koordinatensystem dar. Dazu tragen wir die Winkel φ auf der waagerechten Achse in einem beliebigen Maßstab ab. Für die Sinuswerte von -180°; -90°; 0°; 90°; 180°; 270°; 360°; 450° und 540° ergibt sich folgendes Bild:

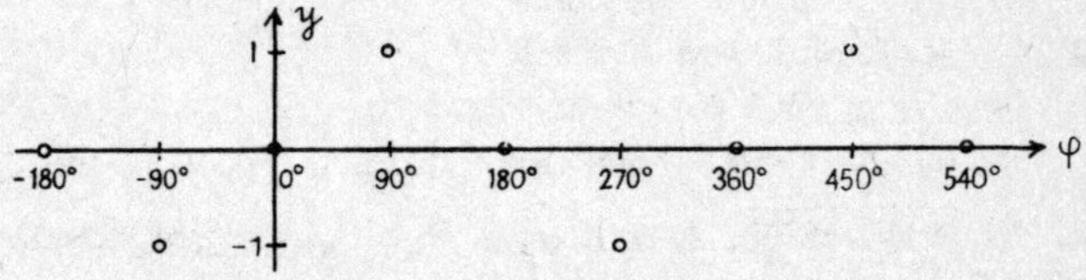

Zeichnen Sie das Diagramm in Ihr Lösungsheft und ergänzen Sie die Sinuswerte von $-150°; -120°; -60°; -30°; 30°; 60°; ....; 510°$. Benutzen Sie hierzu den Taschenrechner.

G 12 Die Sinuswerte der Winkel zwischen 360° und 720° sind die gleichen wie die der Winkel zwischen 0° und 360°; denn die Winkel unterscheiden sich um eine volle 360°-Umdrehung. Das gleiche gilt für die Sinuswerte zwischen 720° und 1080°, sowie für die zwischen – 360° und 0°. Man sagt: Die Sinusfunktion wiederholt sich „periodisch". Die Periode beträgt 360°.

Zeichnerisch drückt sich die Periodizität durch eine ständige Wiederholung des gleichen Kurvenstücks aus:

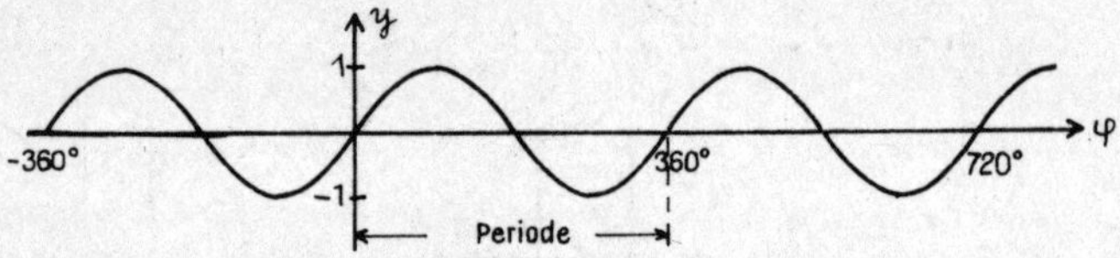

Rechnerisch gilt für jeden Winkel

$$\boxed{\sin(\varphi + 360°) = \sin\varphi}$$

Da man auch jedes beliebige Vielfache der Periode addieren oder subtrahieren kann, ohne den Sinus zu ändern, gilt allgemein

$$\boxed{\sin\varphi = \sin(\varphi + k\cdot 360°)\ ; \quad k \in \mathbb{Z}}$$

Hier bedeutet $\mathbb{Z}$ die Menge der ganzen Zahlen.
$k \in \mathbb{Z}$ heißt also: k kann eine beliebige ganze Zahl sein.

Die Gleichung $\sin\varphi = 0{,}5$ hat im Bereich $0° \leqslant \varphi < 360°$ die Lösungen $\varphi_1 = 30°$ und $\varphi_2 = 150°$. Schreiben Sie alle Lösungen auf.

G 13 Wie Sie aus der Figur erkennen, gibt es unendlich viele Winkel, für die $\sin\varphi = 0{,}6$ gilt. Innerhalb der Periode von 0° bis 360° sind es zwei Winkel. Ihr Taschenrechner liefert Ihnen davon nur den Winkel φ_1 mit der Tippfolge 0.6 [INV] [SIN]. Es wird $\varphi_1 = 36{,}87°$. φ_2 ergibt sich dann nach der Sup-

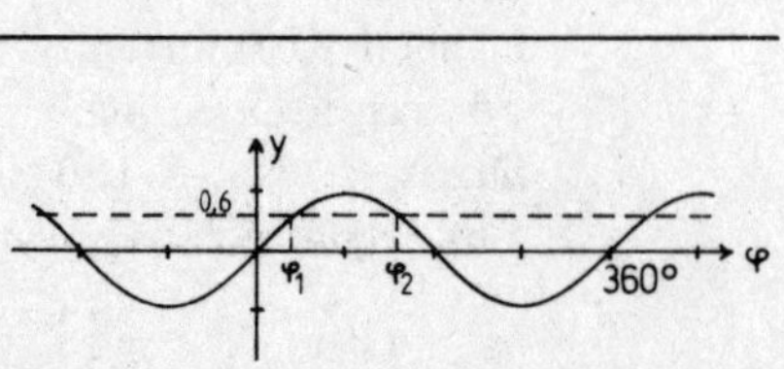

plementbeziehung sin $(180° - \varphi) = \sin\varphi$ zu $\varphi_2 = 180° - \varphi_1 = 143{,}13°$.
Sie erhalten φ_2, wenn Sie die vorige Tippfolge mit

[+/–] [+] 180 [=] fortsetzen.

Lösen Sie die Gleichung $\sin\varphi = 0{,}2$ für $0 \leq \varphi < 360°$.

G 14 Zu $\sin\varphi = -0{,}4$ liefert Ihnen der Taschenrechner den Winkel $\varphi_1 = -23{,}58°$. φ_2 erhalten Sie dann in derselben Weise wie in G 13: $\varphi_2 = 180° - \varphi_1 = 180° + 23{,}58° = 203{,}58°$.

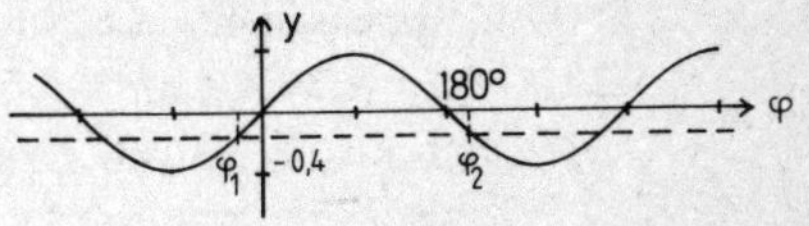

a) Lösen Sie die Gleichung $\sin\varphi = -0{,}7$ für $0 \leq \varphi < 360°$ näherungsweise durch Zeichnung im Einheitskreis.

b) Wie erhalten Sie die beiden Lösungen mit dem Taschenrechner?

G 15 Alle Lösungen der Gleichung $\sin\varphi = -0{,}4$ erhalten Sie, wenn Sie die Periodizität beachten. Ist φ_1 Lösung, so sind auch $\varphi_1 + 360°$, $\varphi_1 + 2 \cdot 360°, \ldots, \varphi_1 - 360°, \ldots$ Lösungen. Die Lösungen haben also die Formen

$$-23{,}58° + k \cdot 360° \text{ mit } k \in \mathbb{Z}$$
und $$203{,}58° + k \cdot 360° \text{ mit } k \in \mathbb{Z}.$$

Die Lösungsmenge schreiben wir

$$L = \{-23{,}58° + k \cdot 360°;\ 203{,}58° + k \cdot 360° \mid k \in \mathbb{Z}\}.$$

Bestimmen Sie die Lösungsmengen zu a) $\sin\varphi = 0{,}83$, b) $\sin\varphi = 1$, c) $\sin\varphi = 0$.

Übungen zu Programm G

1 Geben Sie die drei kleinsten positiven Winkel an, für die
a) $\sin\varphi = 1$; b) $\sin\varphi = -1$; c) $\sin\varphi = 0$ ist.

---

2 Wie groß ist a) $\sin 112°$; b) $\sin 178°$?

---

3 Berechnen Sie a) $\sin 280^\circ$; b) $\sin 340^\circ$; c) $\sin(-45^\circ)$; d) $\sin(-112^\circ)$.

---

4 Der Ortsvektor $\overrightarrow{OP}$ eines Punktes P auf dem Einheitskreis bildet mit der positiven x_1-Achse einen Winkel von a) 740° ; b) 1000° ; c) 3000° . Ersetzen Sie diese Winkel durch positive oder negative Winkel zwischen -180° und 180°.

---

5 Wie groß sind a) $\sin 1200^\circ$; b) $\sin 12000^\circ$?

---

6 Zeigen Sie anhand einer Skizze: Die Gleichung $\sin(180^\circ - \varphi) = \sin\varphi$ gilt auch für Winkel zwischen -90° und 0°.

---

7 Sind die Gleichungen a) $\sin(180^\circ + \varphi) = \sin(360^\circ - \varphi)$; b) $\sin(90^\circ + \varphi) = \sin(90^\circ - \varphi)$; c) $\sin(360^\circ + \varphi) = \sin(360^\circ - \varphi)$ für alle φ richtig?

---

8 Notieren Sie sämtliche Lösungen der Gleichungen a) $\sin\varphi = 0{,}3$; b) $\sin\varphi = -0{,}8$.

H Die Cosinusfunktion

H 1 Am Einheitskreis ist $\cos\varphi = x_1$. Dadurch ist auch die Cosinusfunktion auf beliebige Winkel erweitert. Der Skizze nach ist

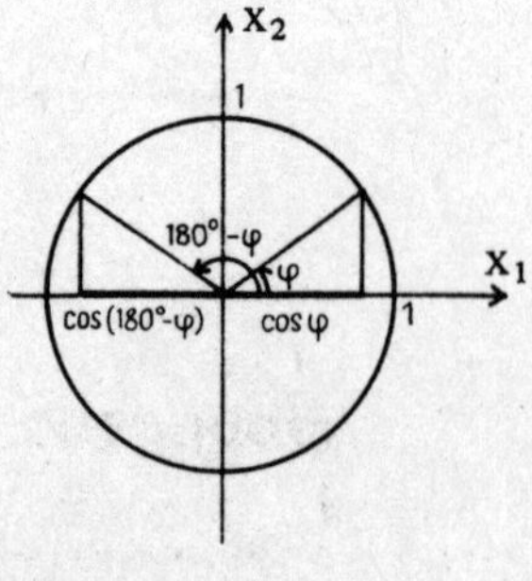

$$\cos(180^\circ - \varphi) = -\cos\varphi$$

Damit wird z.B.

$\cos 100^\circ = \cos(180^\circ - 80^\circ) = -\cos 80^\circ = -0{,}1736$.

Prüfen Sie diesen Wert mit dem Taschenrechner.

H 2 Die Cosinuswerte zwischen 180° und 360° erhalten Sie aus der Gleichung

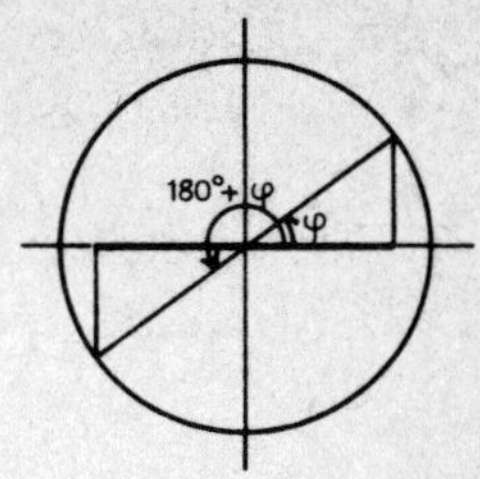

$$\cos(180° + \varphi) = -\cos\varphi.$$

So ist z.B.
$\cos 230° = -\cos 50° = -0{,}6428$.

Prüfen Sie auch das mit dem Taschenrechner.

H 3 Die Cosinuswerte negativer Winkel finden Sie mit der Gleichung

$$\cos\varphi = \cos(-\varphi).$$

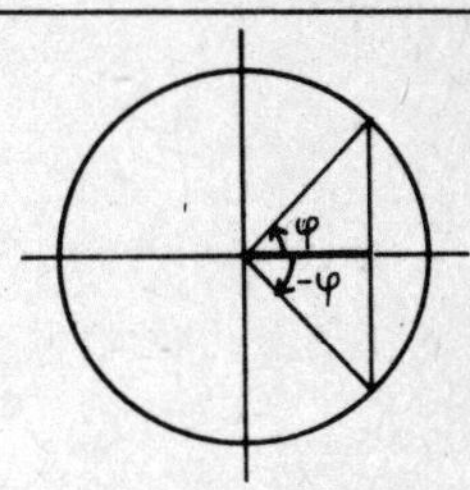

Zeigen Sie am Einheitskreis, daß diese Beziehung auch für Winkel zwischen 90° und 180°, sowie für Winkel zwischen 180° und 270° gilt.

H 4 Nach 360° wiederholen sich die Cosinuswerte. Ebenso wie die Sinusfunktion hat auch die Cosinusfunktion die Periode 360°:

$$\cos(\varphi + 360°) = \cos\varphi$$

oder allgemein:

$$\cos(\varphi + k \cdot 360°) = \cos\varphi; \quad k \in \mathbb{Z}.$$

Zeichnen Sie den Graphen der Cosinusfunktion zwischen − 180° und 720°.

H 5 Aus der Zeichnung folgt

$$\cos(360° - \varphi) = \cos\varphi.$$

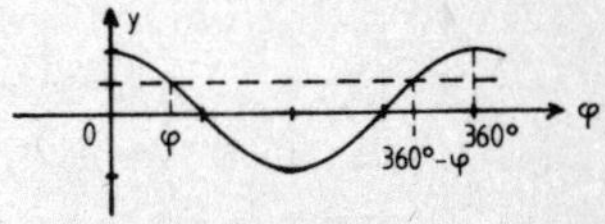

Haben Sie die Lösung $\varphi_1 = 60°$
der Gleichung $\cos\varphi = 0{,}5$ mit
dem Taschenrechner durch die Tippfolge 0.5 [INV] [COS] gefunden,
bekommen Sie deshalb die 2. Lösung $\varphi_2 = 360° - \varphi_1 = 330°$, wenn
Sie [+/−] [+] 360 [=] weitertippen.

Lösen Sie die Gleichung $\cos\varphi = -0{,}7$ im Bereich $0 \leqslant \varphi < 360°$ mit dem Taschenrechner.

H 6 Zu jedem vorgegebenen Cosinuswert gehören unendlich viele Winkel. So hat die Gleichung

$\cos\varphi = 0{,}5$

zwischen 0° und 360° die Lösungen $\varphi_1 = 60°$ und $\varphi_2 = 300°$. Geometrisch: Die Parallele zur φ-Achse im Abstand 0,5 schneidet die Cosinuskurve bei 60° und 300°.

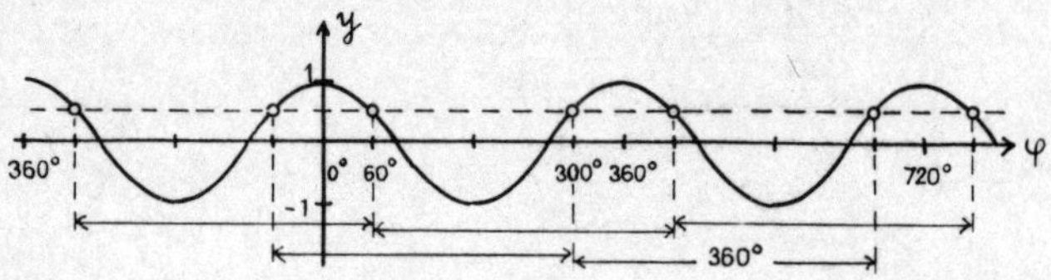

Sie können zu jedem dieser beiden Winkel beliebige Vielfache der Periode addieren oder subtrahieren und erhalten so sämtliche Lösungen der Gleichung $\cos\varphi = 0{,}5$:

$\varphi_1 = 60° + k \cdot 360°$; $k \in \mathbb{Z}$.
$\varphi_2 = 300° + k \cdot 360°$; $k \in \mathbb{Z}$.

Welche Lösungen hat $\cos\varphi = -0{,}2$?

H 7 Die Cosinuskurve hat die gleiche Gestalt wie die Sinuskurve. Sie ist gegenüber dieser lediglich um 90° nach links verschoben.

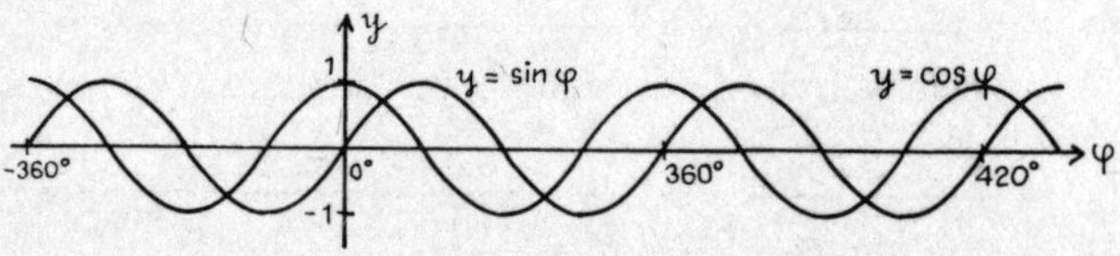

Um wieviel Grad muß man die Sinuskurve nach rechts verschieben, um die Cosinuskurve zu erhalten?

H 8 Für spitze Winkel kennen Sie die „Komplementbeziehungen“

$\sin\varphi = \cos(90° - \varphi)$
$\cos\varphi = \sin(90° - \varphi)$

Die Winkel φ und $90° - \varphi$ liegen symmetrisch zur Achse durch 45°.

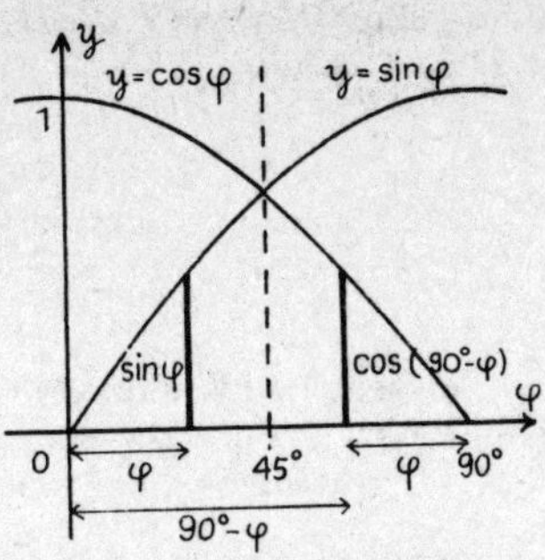

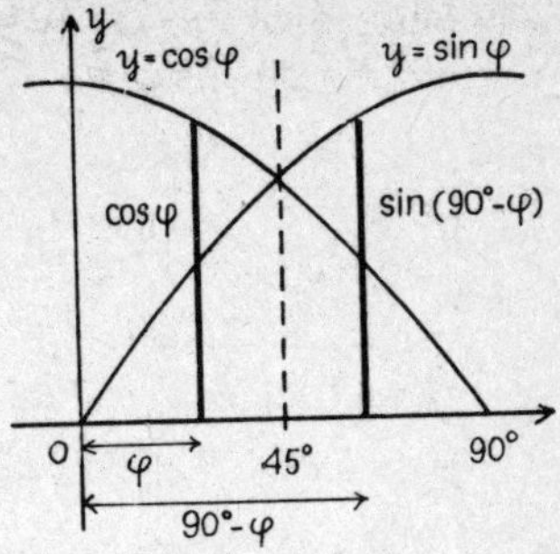

Die Spiegelung an dieser Achse macht aus der Kurve y = sin φ den Graphen y = cos φ. Also gilt die Komplementbeziehung für alle und nicht nur für spitze Winkel.

Setzen Sie in $\sin\varphi = \cos(90^\circ - \varphi)$ den Winkel $\varphi = 130^\circ$ ein und bestätigen Sie die Richtigkeit der Gleichung.

Übungen zu Programm H

1 Bestimmen Sie a) $\cos 172^\circ$; b) $\cos 345^\circ$; c) $\cos 795^\circ$; d) $\cos(-122^\circ)$.

---

2 Geben Sie sämtliche Winkel φ an, für die a) $\cos\varphi = 0$; b) $\cos\varphi = 0{,}21$; c) $\cos\varphi = -0{,}72$ ist.

---

3 Weshalb hat die Gleichung $\cos\varphi = -1{,}1$ keine Lösung?

---

4 Welche der folgenden Aussageformen gelten für alle φ?

a) $\sin\varphi = \cos(270^\circ + \varphi)$; b) $\sin(180^\circ - \varphi) = \sin(180^\circ + \varphi)$

---

5 Geben Sie alle Lösungen der Gleichung $\sin\varphi = \cos\varphi$ an. Zeichnen Sie dazu die Kurven.

I Die Tangensfunktion

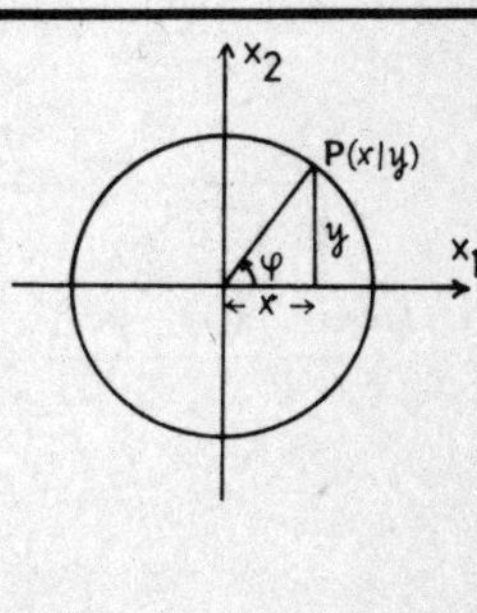

I 1 Wir definieren die Tangensfunktion für beliebige Winkel φ.

Sind x_1 und x_2 die Koordinaten eines Punktes P, dessen Ortsvektor mit der positiven x_1-Achse den spitzen Winkel φ bildet, so ist

$$\tan \varphi = \frac{x_2}{x_1}$$

Diese Gleichung soll nun auch für beliebige Winkel gelten. Selbstverständlich scheiden dabei alle Winkel aus, für die der Nenner Null wird.

Welche Winkel sind das?

---

12 Aus den Vorzeichen der Koordinaten x_1 und x_2 ergeben sich die Vorzeichen des Tangens:

Winkel	$0° < \varphi < 90°$	$90° < \varphi < 180°$	$180° < \varphi < 270°$	$270° < \varphi < 360°$
Vorzeichen von x_1	+	–	–	+
Vorzeichen von x_2	+	+	–	–
Vorzeichen von $\tan \varphi$	+	–	+	–

Welche Vorzeichen haben a) tan 300° ; b) tan 400°?

---

13 Aus den Definitionen von Sinus und Cosinus am Einheitskreis folgt

$$\tan \varphi = \frac{\sin \varphi}{\cos \varphi}$$

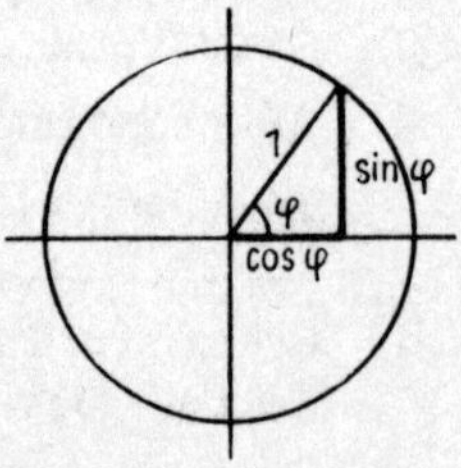

Zeigen Sie damit:

$$\tan(180° - \varphi) = -\tan \varphi$$

---

14 Zur Berechnung der Tangenswerte negativer Winkel formen wir $\tan(-\varphi)$ um:

$$\tan(-\varphi) = \frac{\sin(-\varphi)}{\cos(-\varphi)} = \frac{-\sin\varphi}{\cos\varphi} = -\tan\varphi, \text{ also}$$

$$\boxed{\tan(-\varphi) = -\tan\varphi}$$

Prüfen Sie das Vorzeichen von $\tan(-20^\circ)$ auf dem Taschenrechner.

---

15 Für Tangenswerte von Winkeln größer als 180° gilt die Formel

$$\boxed{\tan(180^\circ + \varphi) = \tan\varphi}$$

Sie folgt aus der Beziehung

$$\tan(180^\circ + \varphi) = \frac{\sin(180^\circ + \varphi)}{\cos(180^\circ + \varphi)} = \frac{-\sin\varphi}{-\cos\varphi} = \tan\varphi$$

und besagt: Die Tangenswerte wiederholen sich nach 180°. Oder: Die Tangensfunktion hat die Periode 180°. Es gilt also

$$\boxed{\tan(\varphi + k \cdot 180^\circ) = \tan\varphi\,; \quad k \in \mathbb{Z}\,.}$$

Zeichnen Sie die Tangensfunktion zwischen – 180° und 360°.

---

16 Aus dem Verlauf der Tangenskurve entnehmen Sie: Innerhalb der Periode $-90^\circ < \varphi < 90^\circ$ nimmt die Tangensfunktion jeden Wert genau einmal an.

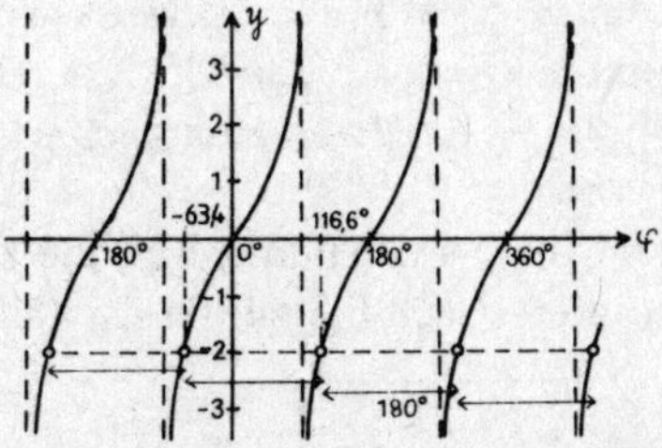

Die Gleichung $\tan\varphi = -2$ hat zwischen – 90° und 90° die Lösung – 63,4°. Sie erhalten alle Lösungen der Gleichung, indem Sie ein ganzzahliges Vielfaches der Periode addieren oder subtrahieren:

$\varphi = -63{,}4^\circ + k \cdot 180^\circ\,;\ k \in \mathbb{Z}\,.$

Geben Sie sämtliche Lösungen von a) $\tan\varphi = 2$; b) $\tan\varphi = -1$ an.

Übungen zu Programm I

1 Bestimmen Sie a) $\tan 215^\circ$; b) $\tan(-300^\circ)$.

2 Für welche Winkel φ zwischen -90° und 90° ist

a) $\tan\varphi = -1$; b) $\tan\varphi = \sqrt{3}$?

3 Geben Sie die Lösungen folgender Gleichungen an:

a) $\tan\varphi = -0{,}24$; b) $\tan\varphi = 1{,}23$

4 Entscheiden Sie aus dem Verlauf der Tangenskurve, ob die Aussageformen

a) $\tan(45^\circ + \varphi) = \tan(45^\circ - \varphi)$;
b) $\tan(90^\circ + \varphi) = \tan(90^\circ - \varphi)$;
c) $\tan\varphi = -\tan(180^\circ - \varphi)$

für alle φ gelten.

J Beziehungen zwischen den Winkelfunktionen

J 1 Sinus, Cosinus und Tangens desselben Winkels hängen voneinander ab. Die Kenntnis eines Funktionswerts genügt bereits, um die Werte der anderen Funktionen bis auf das Vorzeichen auszurechnen. Um dieses zu bestimmen, muß man zusätzlich wissen, in welchem Quadranten der Winkel liegt.
$\sin\varphi$ und $\cos\varphi$ wurden in G 2 als die Koordinaten eines Einheitsvektors definiert. Nach F 8 gilt für das Quadrat seiner Länge 1

$$\sin^2\varphi + \cos^2\varphi = 1.$$

$\sin^2\varphi$ und $\cos^2\varphi$ sind dabei Kurzschreibweisen für $(\sin\varphi)^2$ und $(\cos\varphi)^2$.

Lösen Sie die Gleichung nach $\cos\varphi$ auf.

J 2 Wegen $\sin^2\varphi + \cos^2\varphi = 1$ können Sie $\sin\varphi$ durch $\cos\varphi$ und $\cos\varphi$ durch $\sin\varphi$ ausdrücken:

$$\sin\varphi = \pm\sqrt{1-\cos^2\varphi}$$
$$\cos\varphi = \pm\sqrt{1-\sin^2\varphi}$$

Ist z.B. $\cos\varphi = \frac{1}{2}$, so liefert Ihnen die erste Gleichung

$\sin\varphi = \pm\sqrt{1-\frac{1}{4}} = \pm\sqrt{\frac{3}{4}} = \pm\frac{\sqrt{3}}{2}$. Ist zusätzlich bekannt, daß

φ im I. Quadranten liegt, ist $\sin\varphi = +\frac{\sqrt{3}}{2}$.

Berechnen Sie den zu $\cos\varphi = \frac{\sqrt{3}}{4}$ gehörenden Sinuswert, wenn φ im IV. Quadranten liegt.

J 3 In I 3 war

$$\tan\varphi = \frac{\sin\varphi}{\cos\varphi}$$

gezeigt worden. Ersetzen Sie hier $\cos\varphi$ durch $\pm\sqrt{1-\sin^2\varphi}$, so erhalten Sie

$$\tan\varphi = \pm\frac{\sin\varphi}{\sqrt{1-\sin^2\varphi}}.$$

Der Tangens ist also auch durch den Sinus bis auf das Vorzeichen bestimmt. Sie berechnen erst den Betrag von $\tan\varphi$ und ermitteln dann das Vorzeichen.

φ liegt im IV. Quadranten und es ist $\sin\varphi = -\frac{1}{4}$. Berechnen Sie $\tan\varphi$.

J 4 Um $\tan\varphi$ durch $\cos\varphi$ auszudrücken, setzen Sie

$\sin\varphi = \pm\sqrt{1-\cos^2\varphi}$.

$$\tan\varphi = \pm\frac{\sqrt{1-\cos^2\varphi}}{\cos\varphi}.$$

Berechnen Sie $\tan\varphi$ aus $\cos\varphi = -\frac{\sqrt{2}}{2}$, wenn φ im III. Quadranten liegt.

J 5 Dividiert man $\sin^2\varphi + \cos^2\varphi = 1$ durch $\cos^2\varphi$, entsteht

$$\left(\frac{\sin\varphi}{\cos\varphi}\right)^2 + 1 = \frac{1}{\cos^2\varphi}$$ oder wegen I 3 auch

$$\tan^2\varphi + 1 = \frac{1}{\cos^2\varphi}$$ und damit

$$\boxed{\cos\varphi = \pm\frac{1}{\sqrt{1+\tan^2\varphi}}\ .}$$

Es ist $\tan\varphi = -0{,}75$ und φ liegt im II. Quadranten; wie groß ist $\cos\varphi$?

J 6 Wegen $\tan\varphi = \frac{\sin\varphi}{\cos\varphi}$ ist $\sin\varphi = \cos\varphi \cdot \tan\varphi$ und damit

$$\boxed{\sin\varphi = \pm\frac{\tan\varphi}{\sqrt{1+\tan^2\varphi}}\ .}$$

φ liegt im IV. Quadranten, und es ist $\tan\varphi = -0{,}4$. Wie groß sind $\sin\varphi$ und $\cos\varphi$?

J 7 Liegt φ im I. Quadranten, können Sie aus einem Funktionswert die übrigen auch nach folgendem Muster berechnen:

Ist $\sin\varphi = \frac{8}{17}$, zeichnen Sie ein rechtwinkliges Dreieck, dessen eine Kathete 8 und dessen Hypotenuse 17 ist. Dann wird die

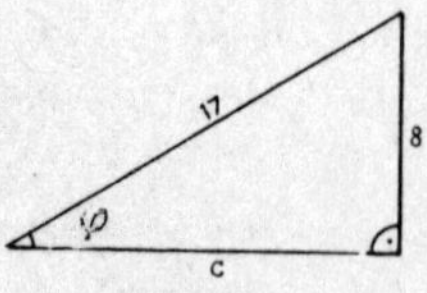

dritte Seite $c = \sqrt{17^2 - 8^2} = \sqrt{289 - 64} = 15$.

Nun lesen Sie ab: $\cos\varphi = \frac{15}{17}$, $\tan\varphi = \frac{8}{15}$.

Berechnen Sie für einen Winkel des I. Quadranten aus $\tan\varphi = \frac{4}{7}$ die übrigen Funktionswerte.

J 8 Das Verfahren von J 7 läßt sich auch verwerten, wenn φ nicht im I. Quadranten liegt. Sie müssen es nur auf den φ entsprechenden Winkel α des I. Quadranten anwenden und zum Schluß die Vorzeichen berichtigen.

Ist für einen Winkel φ des II. Quadranten etwa $\tan\varphi = \frac{-\sqrt{11}}{5}$, gilt für den Winkel $\alpha = 180° - \varphi$ des I. Quadranten $\tan\alpha = \frac{\sqrt{11}}{5}$.

Das rechtwinklige Dreieck mit den Katheten $\sqrt{11}$ und 5 hat die Hypotenuse $\sqrt{\sqrt{11}^2 + 5^2} = \sqrt{36} = 6$. Also wird $\sin\alpha = \frac{\sqrt{11}}{6}$, $\cos\alpha = \frac{5}{6}$. Mit den richtigen Vorzeichen ist dann $\sin\varphi = \frac{\sqrt{11}}{6}$, $\cos\varphi = -\frac{5}{6}$.

Berechnen Sie ebenso für einen Winkel des II. Quadranten aus

$\sin\varphi = \frac{1}{\sqrt{17}}$ die übrigen Funktionswerte.

Übungen zu Programm J

1 Es ist $\sin\alpha = 0{,}5$ und $\cos\beta = 0{,}5$. Können α und β gleich groß sein?

---

2 Es ist $\sin\varphi = 0{,}6$ und φ liegt im II. Quadranten.
Berechnen Sie $\cos\varphi$ und $\tan\varphi$ mit Hilfe eines passenden Dreiecks.

---

3 Berechnen Sie $\sin\varphi$ und $\cos\varphi$ für einen Winkel des IV. Quadranten aus $\tan\varphi = -0{,}5$ ohne Taschenrechner.

---

4 In einem rechtwinkligen Dreieck seien g und a Gegenkathete und Ankathete von α, h sei die Hypotenuse.
Leiten Sie für spitze Winkel α aus dem Satz des Pythagoras die Gleichung $\sin^2\alpha + \cos^2\alpha = 1$ her.

K 3 Die Formel von K 2 verwenden wir zur Berechnung des Winkels zwischen zwei Vektoren $\vec{a}$ und $\vec{b}$:

$$\cos\varphi = \frac{\vec{a}\cdot\vec{b}}{ab} = \frac{\vec{a}}{a}\cdot\frac{\vec{b}}{b} = \vec{a}^{\,0}\cdot\vec{b}^{\,0}.$$

Für $\vec{a} = \begin{pmatrix}7\\2\end{pmatrix}$ und $\vec{b} = \begin{pmatrix}3\\8\end{pmatrix}$ ergibt sich

$$\cos\varphi = \frac{1}{\sqrt{7^2+2^2}}\begin{pmatrix}7\\2\end{pmatrix}\cdot\frac{1}{\sqrt{3^2+8^2}}\begin{pmatrix}3\\8\end{pmatrix} = \frac{37}{\sqrt{53}\cdot\sqrt{73}},$$

$\varphi = 53{,}5°$.

Welchen Winkel schließen die Vektoren $\vec{a} = \begin{pmatrix}4\\3\end{pmatrix}$ und $\vec{b} = \begin{pmatrix}-7\\5\end{pmatrix}$ ein?

K 4 Zur Berechnung der Innenwinkel des Dreiecks A(–3/–1) B(4/–2) C(6/3) bestimmen Sie zunächst die „Seitenvektoren“:

$$\overrightarrow{AB} = \begin{pmatrix}7\\-1\end{pmatrix},\quad \overrightarrow{AC} = \begin{pmatrix}9\\4\end{pmatrix},\quad \overrightarrow{BC} = \begin{pmatrix}2\\5\end{pmatrix}.$$

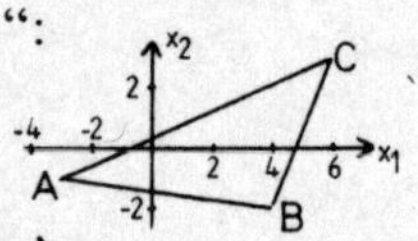

Damit ist

$$\cos\alpha = \overrightarrow{AB}^0\cdot\overrightarrow{AC}^0 = \frac{1}{\sqrt{50}}\begin{pmatrix}7\\-1\end{pmatrix}\cdot\frac{1}{\sqrt{97}}\begin{pmatrix}9\\4\end{pmatrix} = \frac{59}{\sqrt{50}\cdot\sqrt{97}},\quad \alpha = 32{,}1°;$$

$$\cos\beta = \overrightarrow{BA}^0\cdot\overrightarrow{BC}^0 = \frac{1}{\sqrt{50}}\begin{pmatrix}-7\\1\end{pmatrix}\cdot\frac{1}{\sqrt{29}}\begin{pmatrix}2\\5\end{pmatrix} = \frac{-9}{\sqrt{50\cdot 29}},\quad \beta = 103{,}7°;$$

$$\cos\gamma = \overrightarrow{CB}^0\cdot\overrightarrow{CA}^0 = \frac{1}{\sqrt{29}}\begin{pmatrix}-2\\-5\end{pmatrix}\cdot\frac{1}{\sqrt{97}}\begin{pmatrix}-9\\-4\end{pmatrix} = \frac{38}{\sqrt{29}\cdot\sqrt{97}},\quad \delta = 44{,}2°.$$

Achten Sie darauf, daß beide Vektoren jeweils den gesuchten Innenwinkel und nicht einen Außenwinkel einschließen. Dazu richten Sie die beiden Vektoren von einer Ecke zu den beiden Nachbarecken.

Berechnen Sie die Innenwinkel des Vierecks A(–5/4)B(–2/0)C(5/1)D(3/7) sowie den kleineren der beiden von den Diagonalen eingeschlossenen Winkeln.

K 5 Wir suchen einen Vektor $\vec{x}$ der Länge 6, der mit dem Vektor $\vec{a} = \begin{pmatrix} -2 \\ 5 \end{pmatrix}$ den Winkel $\varphi = 123°$ einschließt.

Für $\vec{x} = \begin{pmatrix} x_1 \\ x_2 \end{pmatrix}$ gilt dann:

I $x_1^2 + x_2^2 = 36$ und

$\vec{a} \cdot \vec{x} = -2x_1 + 5x_2 = a \cdot x \cdot \cos\varphi = \sqrt{29} \cdot 6 \cdot \cos 123°$, also

II $-2x_1 + 5x_2 = -17{,}6.$

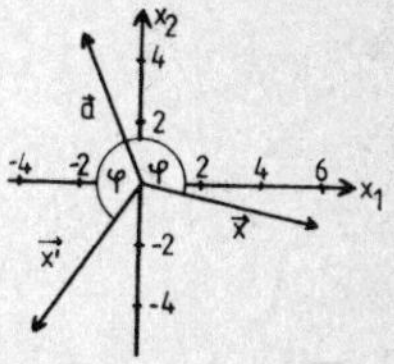

Aus II: $x_1 = 8{,}8 + 2{,}5x_2$,

in I: $(8{,}8 + 2{,}5x_2)^2 + x_2^2 = 36$,

$7{,}25x_2^2 + 44x_2 + 41{,}44 = 0,$

$x_2 = -1{,}17,\ x_1 = 5{,}89;$

$x_2' = -4{,}90,\ x_1' = -3{,}46.$

Es gibt also zwei Lösungen: $\vec{x} = \begin{pmatrix} 5{,}89 \\ -1{,}17 \end{pmatrix}$ und $\vec{x}' = \begin{pmatrix} -3{,}46 \\ -4{,}90 \end{pmatrix}$.

Bestimmen Sie die zweite Koordinate des Vektors $\vec{b} = \begin{pmatrix} 2 \\ b_2 \end{pmatrix}$ so, daß er mit dem Vektor $\vec{a} = \begin{pmatrix} 3 \\ 4 \end{pmatrix}$ den Winkel 75° einschließt durch Zeichnung und durch Rechnung.

K 6 Hat das Dreieck ABC bei C einen rechten Winkel, so läßt sich dies durch die Bedingung $\vec{a} \cdot \vec{b} = 0$ ausdrücken.

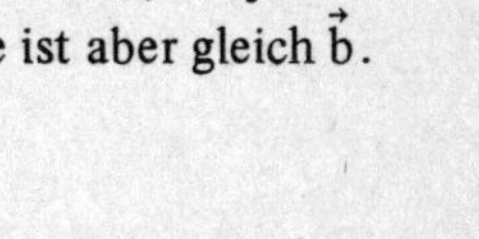

Man kann die Rechtwinkligkeit aber auch durch $\vec{b}$ und $\vec{c}$ bzw. durch $\vec{a}$ und $\vec{c}$ ausdrücken.
Nach K 2 ist $\vec{b} \cdot \vec{c} = \vec{b} \cdot \vec{c}_{\parallel}$, wobei $\vec{c}_{\parallel}$ die (senkrechte) Projektion des Vektors $\vec{c}$ auf die Richtung von $\vec{b}$ ist; diese ist aber gleich $\vec{b}$.
Deshalb gilt:

$$\vec{b} \cdot \vec{c} = \vec{b}^2.$$

Drücken Sie durch die Vektoren $\vec{c} = \overrightarrow{AB}$ und $\vec{a} = \overrightarrow{BC}$ aus, daß bei C ein rechter Winkel liegt.

Der Winkel φ kann hierbei $\alpha - \beta$ oder $\beta - \alpha$ sein, je nach Größe dieser Winkel. Da aber $\cos(\alpha - \beta) = \cos(\beta - \alpha)$ ist, gilt stets

$$\boxed{\cos(\alpha - \beta) = \cos\alpha \cdot \cos\beta + \sin\alpha \cdot \sin\beta}$$

Dies ist eines der „Additionstheoreme" der Winkelfunktionen. Weitere Formeln über Winkelfunktionen werden im Programm P hergeleitet.

Berechnen Sie aus den bekannten Werten

$\sin 45° = \cos 45° = \frac{1}{2}\sqrt{2}$, $\sin 30° = \frac{1}{2}$ und $\cos 30° = \frac{1}{2}\sqrt{3}$

ohne Benutzung eines Taschenrechners cos 15° und cos 75°.

Übungen zu Programm K

1 Bestimmen Sie zu den Vektoren $\vec{a}$ und $\vec{b}$ den von ihnen eingeschlossenen Winkel φ, die Einheitsvektoren $\vec{a}^0$ und $\vec{b}^0$ sowie die Richtungswinkel α und β.

a) $\vec{a} = \begin{pmatrix} 8 \\ -5 \end{pmatrix}$, $\vec{b} = \begin{pmatrix} 3 \\ 5 \end{pmatrix}$; b) $\vec{a} = \begin{pmatrix} 12 \\ -9 \end{pmatrix}$, $\vec{b} = \begin{pmatrix} -8 \\ 6 \end{pmatrix}$.

---

2 Die Vektoren $\overrightarrow{0A} = \vec{a} = \begin{pmatrix} -6 \\ -11 \end{pmatrix}$ und $\overrightarrow{0B} = \vec{b} = \begin{pmatrix} 12 \\ 5 \end{pmatrix}$ bestimmen das Dreieck 0AB. Berechnen Sie die Innenwinkel dieses Dreiecks.

---

3 Berechnen Sie die Innenwinkel des Vierecks A(0/0)B(5/2)C(8/12)D(–4/8) und zeigen Sie, daß die Diagonalen aufeinander senkrecht stehen.

---

4 Mit einer Kraft von 12 N wird ein Wagen 45 m weit gezogen. Wie groß ist die verrichtete Arbeit, wenn der Winkel zwischen der Kraft und dem Weg 8° beträgt?

---

5 Beweisen Sie den Höhensatz, indem Sie die Kathetenvektoren $\vec{a}$ und $\vec{b}$ durch die Seitenvektoren der Teildreiecke ausdrücken und dann in $\vec{a} \cdot \vec{b} = 0$ einsetzen.

---

6 Zeigen Sie, daß die Diagonalen einer Raute aufeinander senkrecht stehen. Gehen Sie hierbei aus von der Definition

a) Eine Raute ist ein Parallelogramm mit gleich langen Seiten,
b) Eine Raute ist ein Viereck mit gleich langen Seiten.
Hinweis: Wenn Sie zwei Seitenvektoren durch die beiden anderen ausdrücken und die Gleichung quadrieren, erhalten Sie einfache Beziehungen zwischen den skalaren Produkten von Seitenvektoren.

7 Zeigen Sie: Die Diagonalen eines Vierecks mit den Seitenvektoren $\overrightarrow{AB} = \vec{a}$, $\overrightarrow{BC} = \vec{b}$, $\overrightarrow{CD} = \vec{c}$ und $\overrightarrow{DA} = \vec{d}$ stehen genau dann aufeinander senkrecht, wenn $\vec{a} \cdot \vec{c} - \vec{b} \cdot \vec{d} = 0$ ist.

8 Zeigen Sie durch Rechnung, daß der Vektor $\vec{a}^0 + \vec{b}^0$ den von den Vektoren $\vec{a}$ und $\vec{b}$ eingeschlossenen Winkel halbiert.

9 Beweisen Sie: Hat ein Punkt P außerhalb eines Kreises mit dem Radius r vom Mittelpunkt M die Entfernung p, so ist das Produkt aus den beiden Abschnitten von P bis zum Kreis auf allen Sekanten durch P gleich und zwar gleich $p^2 - r^2$.
Hinweis: Zeichnen Sie den Kreisdurchmesser von einem der Sekantenschnittpunkte ein und beachten Sie den Satz des Thales.

L Berechnung schiefwinkliger Dreiecke

L 1 Nach der trigonometrischen Flächenformel gilt für den Flächeninhalt eines Dreiecks

$$A = \frac{1}{2} bc \sin\alpha = \frac{1}{2} ac \sin\beta = \frac{1}{2} ab \sin\gamma .$$

Wenn Sie durch $\frac{1}{2}$ abc dividieren, erhalten Sie

$$\boxed{\frac{\sin\alpha}{a} = \frac{\sin\beta}{b} = \frac{\sin\gamma}{c} .}$$

Diese Gleichung oder ihre reziproke Form

$$\boxed{\frac{a}{\sin\alpha} = \frac{b}{\sin\beta} = \frac{c}{\sin\gamma} .}$$

bezeichnet man als „Sinussatz“. Er stellt den Zusammenhang zwischen den Seiten eines Dreiecks und den gegenüberliegenden Winkeln her.

Schreiben Sie den Sinussatz in Form von drei Produktgleichungen.

Berechnen Sie in einem Dreieck aus $a = 4{,}2$, $b = 3{,}2$ und $\gamma = 128°$ die Seite c.

L 6 Wir berechnen in einem Dreieck aus $b = 7{,}2$; $c = 9{,}6$; $\alpha = 25°$ sämtliche fehlenden Stücke.

Der Kongruenzsatz sws garantiert eine eindeutige Lösung. Nach dem Kosinussatz ist

$$a^2 = b^2 + c^2 - 2\,bc\cos\alpha\,;$$
$$a^2 = 7{,}2^2 + 9{,}6^2 - 2 \cdot 7{,}2 \cdot 9{,}6 \cdot \cos 25°\,;$$
$$a = 4{,}33.$$

Die noch fehlenden Winkel liefert der Sinussatz. Bestimmen Sie jedoch zuerst den Winkel, der der *kleineren* Seite gegenüberliegt, denn dieser ist *immer* spitz. Der Sinussatz liefert Ihnen dann eine *eindeutige* Lösung.

Berechnen Sie β und γ.

L 7 Mit dem Kosinussatz können Sie aus drei gegebenen Seiten einen beliebigen Winkel ausrechnen. Gegeben seien z.B. $a = 3{,}5$; $b = 2{,}7$; $c = 3{,}2$. Gesucht ist α.

Sie lösen $a^2 = b^2 + c^2 - 2\,bc\cos\alpha$ nach $\cos\alpha$ auf:

$$2\,bc\cos\alpha = b^2 + c^2 - a^2\,;$$

$$\cos\alpha = \frac{b^2 + c^2 - a^2}{2\,bc}\,;$$

Wenn Sie für a, b und c die gegebenen Werte einsetzen, ergibt sich

$$\cos\alpha = \frac{2{,}7^2 + 3{,}2^2 - 3{,}5^2}{2 \cdot 2{,}7 \cdot 3{,}2} = 0{,}306\,;$$

$$\alpha = 72{,}2°.$$

Sie berechnen nun einen der fehlenden Winkel. Wollen Sie den Sinussatz anwenden, nehmen Sie den der kleineren Seite gegenüberliegenden:

$$\frac{\sin\beta}{b} = \frac{\sin\alpha}{a}\;;\;\sin\beta = \frac{b \cdot \sin\alpha}{a} = 0{,}735\;;\;\beta = 47{,}3°.$$

Die drei Winkel sind also $\alpha = 72{,}2°$; $\beta = 47{,}3°$; $\gamma = 60{,}5°$.

In einem Dreieck sei $a = 2{,}5$; $b = 3{,}2$; $c = 5{,}2$. Wie groß ist γ?

L 8 Dreiecke und Vierecke lassen sich nicht nur aus Seiten und Winkeln, sondern auch aus Höhen, Seiten- und Winkelhalbierenden oder Diagonalen konstruieren. Das gleiche gilt für die trigonometrische Berechnung. Ebenso wie in der Elementargeometrie wird man zuerst nach Teildreiecken suchen, in denen drei Stücke bekannt sind.

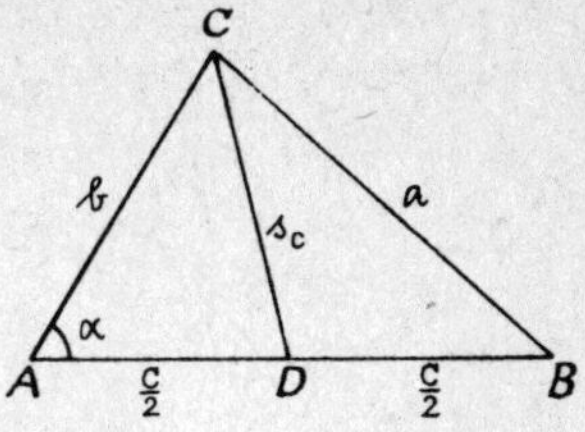

Beispiel: Dreieck aus $b = 3{,}4$; $c = 5$ und $s_c = 3$.
Sie berechnen nach dem Kosinussatz in Teildreieck ADC den Winkel α:

$$\cos\alpha = \frac{b^2 + \left(\frac{c}{2}\right)^2 - s_c{}^2}{bc} = \frac{3{,}4^2 + 2{,}5^2 - 3^2}{3{,}4 \cdot 5} = 0{,}518 \; ; \alpha = 58{,}8°.$$

Aus b, c und α ergibt sich a:

$a^2 = b^2 + c^2 - 2\,bc\cos\alpha = 18{,}9$;
$a = 4{,}35$.

In einem Dreieck ist $a = 4{,}6$; $\beta = 47°$; $s_c = 5{,}2$.
Berechnen Sie b, c und α.

L 9 Im Dreieck ABC seien $b = 3$; $w_\gamma = 2{,}8$; $\gamma = 94°$. Gesucht sind a und c.

Sie berechnen zunächst x mit dem Kosinussatz und δ_1 nach dem Sinussatz. Dann ist $\delta_2 = 180° - \delta_1$.

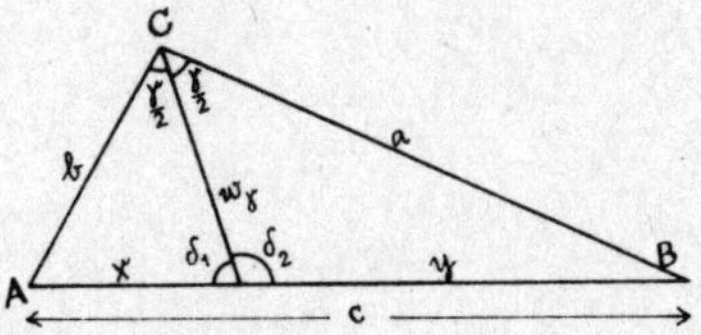

Wie finden Sie y, c und a?

L 10 Im Dreieck teilt jede Winkelhalbierende die gegenüberliegende Seite im Verhältnis der anliegenden Seiten.
Diesen Satz aus der Elementargeometrie können Sie trigonometrisch sehr einfach beweisen.
Nach dem Sinussatz ist

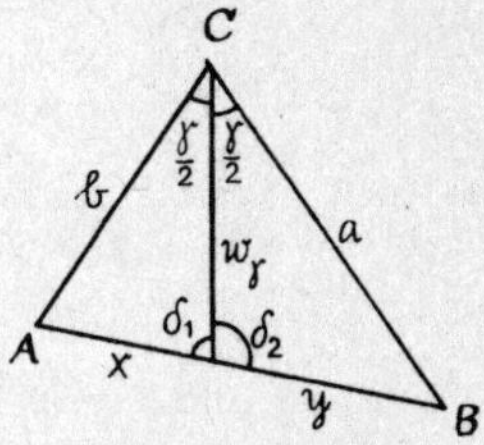

Also ist

$$h = a \sin\beta = \frac{c \cdot \sin\alpha \cdot \sin\beta}{\sin\gamma} = 18{,}2.$$

Von einem Ballon aus wird das obere Ende eines 55 m hohen Schornsteins unter einem Winkel von 44°, das untere Ende unter einem Winkel von 56° gegen die Horizontale beobachtet. Wie hoch ist der Ballon?

L 16 Zwei Punkte liegen auf einer Seite eines Flusses. Ihre Entfernung soll vom anderen Flußufer aus bestimmt werden. Hierzu wird eine Standlinie der Länge $|AB| = c = 30$ m abgesteckt. Von jedem Endpunkt dieser Strecke werden C und D angepeilt. Man erhält die Winkel $\alpha_1 = 90{,}7°$; $\alpha_2 = 75{,}4°$; $\beta_1 = 83{,}5°$; $\beta_2 = 100{,}2°$.

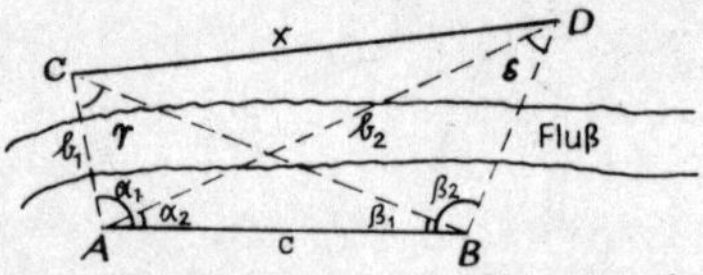

Zur Lösung der Aufgabe berechnen Sie etwa b_1 und b_2 und wenden den Cosinussatz auf $\triangle ADC$ an.
Wie groß ist $|CD|$?

Übungen zu Programm L

1 Berechnen Sie in einem Dreieck γ aus $b = 4{,}5$; $c = 3{,}4$ und $\beta = 67°$.

---

2 In einem Dreieck ist $a = 2{,}3$; $c = 4{,}7$ und $\beta = 131°$. Wie groß ist b?

---

3 Gibt es Dreiecke mit

a) $a = 2{,}3$; $b = 3{,}2$ und $\alpha = 43°$;
b) $b = 5{,}6$; $c = 6{,}3$ und $\beta = 89°$?

Wenn ja, wie viele ?

---

4 Berechnen Sie die Winkel eines Dreiecks aus $a = 5{,}4$; $b = 3{,}9$; $c = 5{,}6$.

---

5 In einem Dreieck sei $a = 5{,}4$; $c = 4{,}2$; $\beta = 112°$. Berechnen Sie die fehlenden Stücke und den Flächeninhalt.

---

6 Berechnen Sie ein Dreieck aus

a) $a = 2$; $b = 3$; $\gamma = 11°$; b) $a = 4{,}5$; $\beta = 27°$; $\gamma = 53°$.

---

7 Berechnen Sie Seiten und Winkel eines Dreiecks aus $c = 4{,}5$; $s_c = 4$ und $\alpha = 57°$.

---

8 Berechnen Sie Seiten und Winkel eines Dreiecks aus $c = 4{,}2$; $s_a = 3{,}3$ und $s_b = 3{,}9$. Beachten Sie: Die Seitenhalbierenden teilen sich im Verhältnis 1:2.

---

9 In einem Parallelogramm sind eine Seite und die beiden Diagonalen gegeben: $a = 4$; $e = 5$; $f = 4{,}5$. Wie groß ist b?

---

10 In einem Parallelogramm sei eine Diagonale $e = 5$. Sie bildet mit a den Winkel $\alpha_1 = 23°$ und mit d den Winkel $\alpha_2 = 57{,}5°$. Wie groß sind die Seiten des Parallelogramms?

---

11 In einem Trapez ist $a \| c$, $a = 7{,}2$; $c = 3{,}4$; $d = 3{,}2$ und $e = 5{,}4$. Der Schenkel b ist zu berechnen.

---

12 In einem Sehnenviereck sind die vier Seiten a, b, c und d gegeben. Berechnen Sie den Winkel α allgemein. Beachten Sie, daß in einem Sehnenviereck sich die gegenüberliegenden Winkel zu 180° ergänzen.

---

13 In einem Viereck sind die Seiten a, b, c und die Winkel α und β gegeben. Bestimmen Sie allgemein an Hand einer Figur die Rechenschritte, die zur Ermittlung der Seite d führen.

---

14 Ein Motorboot soll vom Punkt A an einem Ufer eines Flusses zum Punkt B des gegenüberliegenden Ufers geradlinig fahren. Welchen Kurswinkel α muß es einhalten, wenn seine Eigengeschwindigkeit $v = 5\ \frac{m}{s}$ und die Strömungsgeschwindigkeit $w = 2\ \frac{m}{s}$ betragen?

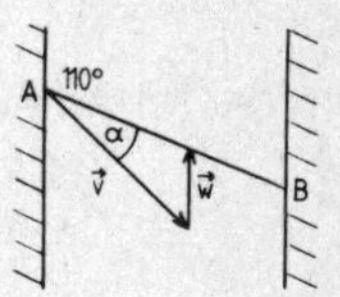

---

15 Von einem 70 m über einem See gelegenen Punkt B aus erscheint der Gipfel eines Berges unter einem Höhenwinkel $\delta_1 = 39°$, sein Spiegelbild S unter einem Tiefenwinkel $\delta_2 = 46°$. Wie viele Höhenmeter liegt der Gipfel über dem See?

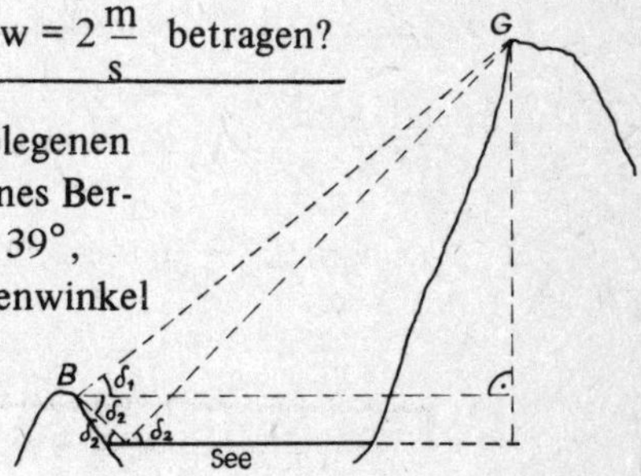

Beachten Sie: Der Lichtstrahl, der von G aus in das Auge des Beobachters gespiegelt wird, bildet mit der Wasseroberfläche gleiche Winkel.

Test IV

Aufgabe K

1. Gegeben ist das Dreieck A(5/–10)B(–3/12)C(16/–6).
   a) Zeigen Sie, daß der Winkel bei A ein rechter ist,
   b) Berechnen Sie den Winkel ABC.
   c) Welchen Richtungswinkel hat der Vektor $\overrightarrow{AB}$?
2. Beweisen Sie mit Vektoren: Ist P ein Punkt einer Kreissehne $\overline{AB}$, M der Mittelpunkt des Kreises und r der Radius, so gilt $|PA| \cdot |PB| = r^2 - |PM|^2$ (Sehnensatz).

Aufgabe L

Im Viereck ABCD sei $|AB| = 4{,}5$; $|BC| = 3{,}5$; $|AC| = 4{,}4$; $\alpha = 54°$; $\delta = 97°$.
Berechnen Sie die fehlenden Seiten und Winkel und den Flächeninhalt.

V. Teil: Trigonometrische Funktionen im Bogenmaß

M Kreis und Bogenmaß

M 1 Alle Kreise sind einander ähnlich. Daher verhalten sich ihre Flächen wie die Quadrate entsprechender Strecken, insbesondere wie die Quadrate ihrer Radien:

$$A_1 : A_2 = r_1^2 : r_2^2$$

Diese Verhältnisgleichung läßt sich umformen in

$$\frac{A_1}{r_1^2} = \frac{A_2}{r_2^2} .$$

Der Bruch $\frac{A}{r^2}$ hat also für alle Kreise denselben Wert. Man nennt ihn π.
Also $\frac{A}{r^2} = \pi$ oder

Kreisfläche $A = \pi r^2$.

Um Kreisflächen zahlenmäßig zu bestimmen, braucht man noch den Wert von π.

Zwei zueinander senkrechte Durchmesser zerlegen einen Kreis in vier flächengleiche Teilstücke. Zeichnen Sie einen dieser Viertelkreise mit dem Radius $r = 10$ cm auf Millimeterpapier, bestimmen Sie seine Fläche näherungsweise durch Auszählen der Millimeterquadrate und ermitteln Sie aus dem Ergebnis einen Näherungswert für π.

M 2 Einen sehr genauen Wert für die Kreiszahl π können Sie Ihrem Taschenrechner entnehmen: $\pi = 3{,}141592653 \ldots$.
Trotzdem sollten Sie ein Verfahren kennen, mit dem man π beliebig genau berechnen kann. Die Figur zeigt einen „Kreissektor" MBC mit dem „Mittelpunktswinkel" 30° und ein Dreieck MAB mit den Winkeln 60° und 90°. Der Inhalt des Flächenstückes MABC ist $A = \frac{1}{12} r^2 \pi + \frac{1}{8} r^2 \sqrt{3}$.

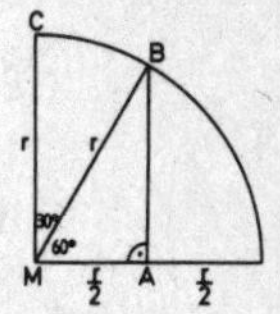

Ist der Radius 1, so ergibt sich $A = \frac{1}{12}\pi + \frac{1}{8}\sqrt{3}$.
Wenn es gelingt, A zu berechnen, so kann man damit π bestimmen.
Begründen Sie die Formel für den Inhalt des Flächenstücks MABC.

M 3 Zur näherungsweisen Bestimmung von A für $r = 1$ zerlegen Sie das Flächenstück MABC in fünf gleichbreite Streifen. Ihre Breite ist $d = \frac{1}{5} \cdot 0{,}5 = 0{,}1$. Ersetzen Sie jeden Streifen durch das größte in ihm enthaltene Rechteck, so bekommen Sie die Summe der „einbeschriebenen" Rechtecke A_e:

$$A_e = d\,h_1 + d\,h_2 + d\,h_3 + d\,h_4 + d\,h_5 = d\,(h_1 + h_2 + h_3 + h_4 + h_5).$$

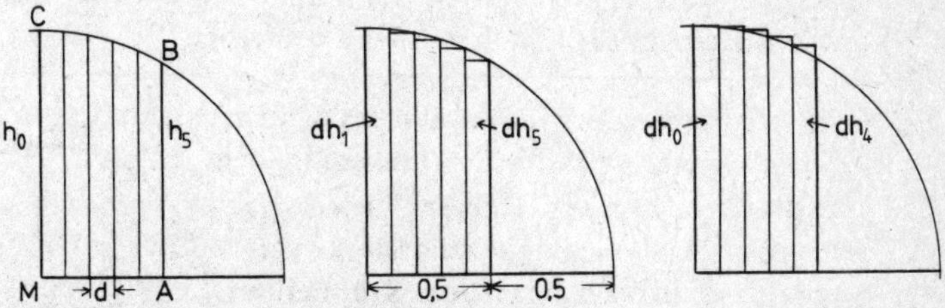

Ersetzen Sie stattdessen jeden Streifen durch das kleinste Rechteck, das den Streifen ganz enthält, so entsteht die Summe der „umbeschriebenen" Rechtecke A_u:

$$A_u = d\,h_0 + d\,h_1 + d\,h_2 + d\,h_3 + d\,h_4 = d\,(h_0 + h_1 + h_2 + h_3 + h_4).$$

a) Wie lang sind h_0 und h_5 ?

b) Um wieviel unterscheiden sich A_e und A_u ?

c) Wie lang sind h_0 und h_{50}, und um wieviel unterscheiden sich A_e und A_u, wenn man 50 statt 5 Streifen gleicher Breite nimmt?

M 4 Die Höhe h_i berechnen Sie nach dem Satz des Pythagoras: $h_i = \sqrt{1-(i\,d)^2}$, z.B. $h_3 = \sqrt{1-(3\cdot 0{,}1)^2} = 0{,}9539$.

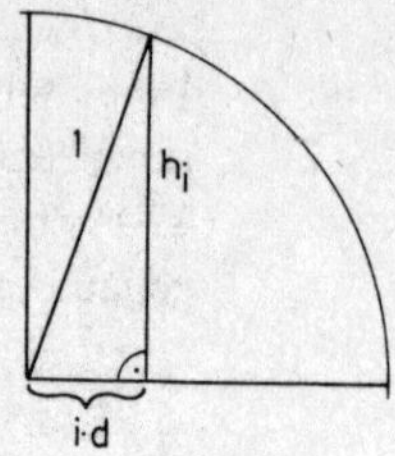

Der Flächeninhalt A ist größer als A_e und kleiner als A_u: $A_e < A < A_u$.

Hieraus ergibt sich mit $A = \frac{1}{12}\pi + \frac{1}{8}\sqrt{3}$:

$$A_e < \frac{1}{12}\pi + \frac{1}{8}\sqrt{3} < A_u\,,\ 12A_e - \frac{3}{2}\sqrt{3} < \pi < 12\,A_u - \frac{3}{2}\sqrt{3}.$$

Berechnen Sie A_e und A_u auf vier Stellen nach dem Komma genau. Zwischen welchen Werten liegt danach π ?

M 5 Die Genauigkeit läßt sich beliebig steigern. Ist n die Anzahl der Streifen, so ist $d = \frac{0{,}5}{n}$, $A_e = d\,h_1 + d\,h_2 + \ldots + d\,h_n$ und $A_u = d\,h_0 + d\,h_1 + \ldots + d\,h_{n-1}$.

Damit wird der Unterschied der Grenzen, die π einschachteln,

$$12A_u - \frac{3}{2}\sqrt{3} - (12A_e - \frac{3}{2}\sqrt{3}) = 12\,(A_u - A_e) = 12d\,(h_0 - h_n) =$$

$$= 12\cdot\frac{0{,}5}{n}(1 - \frac{1}{2}\sqrt{3}) = \frac{3}{n}\,(2-\sqrt{3}).$$

Wie groß muß die Anzahl der Streifen sein, damit π zwischen zwei Zahlen eingeschachtelt wird, die sich um weniger als 10^{-4} unterscheiden? Wie genau läßt sich damit dann π angeben?

M 6 Zur Bestimmung des Kreisumfanges kann man dem Kreis ein regelmäßiges Vieleck mit n Ecken umbeschreiben (in der Figur ist n = 12). Dieses Vieleck läßt sich in n gleichschenklige Teildreiecke zerlegen, deren Höhen gleich dem Kreisradius r und deren Grundlinien die Vieleckseiten s_n sind. Damit wird die Vielecksfläche

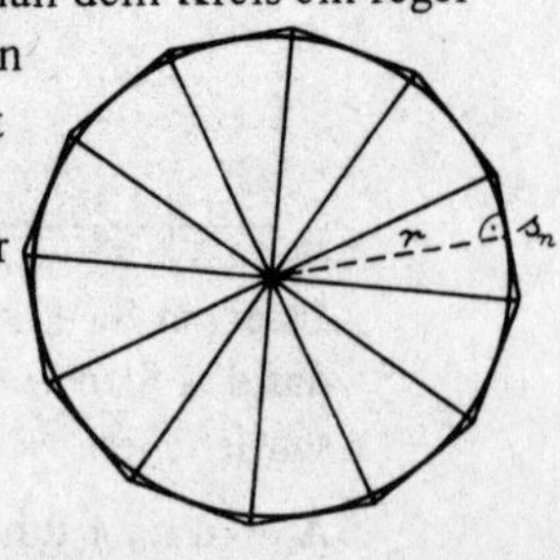

$$A_n = n\cdot\frac{1}{2}\cdot r\cdot s_n\,.$$

Da $n \cdot s_n$ der Vielecksumfang U_n ist, gilt auch

$$A_n = \frac{1}{2} \cdot r \cdot U_n \,.$$

Für umbeschriebene Vielecke immer größerer Eckenzahl n nähert sich die Vielecksfläche A_n der Kreisfläche πr^2 und der Vielecksumfang U_n dem Kreisumfang U beliebig genau. Also muß gelten

$$\pi r^2 = \frac{1}{2} \cdot r \cdot U \,.$$

Daraus ergibt sich die Formel für den

Kreisumfang $U = 2\pi \cdot r$

Mit dem Durchmesser $d = 2r$ kann man auch

Kreisumfang $U = \pi \cdot d$

schreiben.

Berechnen Sie den Umfang eines regelmäßigen 36-Ecks mit dem Inkreisradius 1 unter Benutzung der Winkelfunktionen.
Wieviel Prozent beträgt die Abweichung dieses Umfangs vom Umfang des Inkreises?

M 7 Eine von zwei konzentrischen Kreisen begrenzte Fläche heißt „Kreisring“. Sind R und r die beiden Kreisradien, so gilt für den Flächeninhalt des Rings

$$A = \pi R^2 - \pi r^2 \quad \text{oder}$$

$A = \pi (R^2 - r^2)$

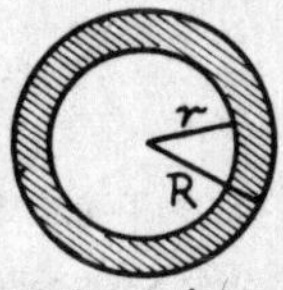

Berechnen Sie die Fläche und den Mittelwert aus innerem und äußerem Umfang eines Kreisringes mit R = 5 und r = 2 auf drei Ziffern genau. Berechnen Sie zum Vergleich die Fläche des Rechtecks, das den Mittelwert der Umfänge und die Dicke des Rings als Seiten hat.

M 8 Da alle Kreissektoren mit gleichem Mittelpunktswinkel ähnlich sind, ist das Verhältnis $\frac{b}{r}$ des Kreisbogens zum Kreisradius bei gleichem Winkel φ konstant. Wächst der Winkel φ, so wächst auch das Verhältnis $\frac{b}{r}$.

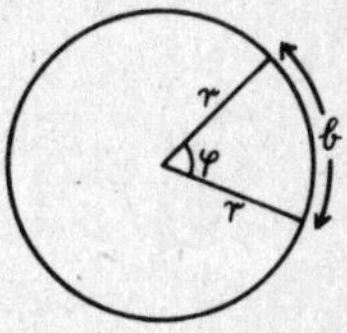

Es ist daher als Maß für den Winkel geeignet. Man nennt es das „Bo-

genmaß" des Winkels.
Das Bogenmaß für den Vollwinkel 360° erhalten Sie, wenn Sie den Bogen gleich dem Umfang u setzen. Mit $u = 2\pi r$ ergibt sich
$\frac{b}{r} = 2\pi$.

Das Bogenmaß von 360° ist 2π.

Ergänzen Sie die Tabelle:

Gradmaß	90°	180°	30°	60°	120°	150°	270°
Bogenmaß							

M 9 Das Bogenmaß ist als Verhältnis des Bogens zum Radius eine unbenannte Zahl. Es paßt daher zu Sinus, Cosinus, Tangens und Cotangens als Winkelmaß besser als die willkürliche Gradeinteilung. Sie können jeden Winkel, der in Grad gemessen ist, in Bogenmaß umrechnen.
φ sei ein in Grad gemessener Winkel, x dessen Bogenmaß. Sie rechnen:
$\varphi : 360° = x : 2\pi$ oder

$$\boxed{x = \frac{\pi\varphi}{180°}}$$

Zu $\varphi = 12°$ gehört also das Bogenmaß $x = \frac{\pi \cdot 12°}{180°} = 0{,}2094$.
Rechnen Sie a) $\alpha = 21°$; b) $\beta = 75{,}3°$; c) $\gamma = 273°$ in Bogenmaß um.

M 10 Zum Umrechnen vom Bogenmaß ins Gradmaß lösen Sie die Formel aus M 9 nach φ auf:

$$\boxed{\varphi = \frac{180°}{\pi} x}$$

Zum Bogenmaß 1 gehört der Winkel $\varphi_0 = \frac{180°}{\pi} = 57{,}29..°$.
Dieser Winkel heißt ein „Radiant", abgekürzt rad. Wenn Sie mit Ihrem Taschenrechner im Bogenmaß rechnen wollen, so müssen Sie ihn erst auf „RAD" einstellen. Wie man das macht, steht in der Gebrauchsanweisung. Die üblichen Taschenrechner sind nach dem Einschalten auf DEG eingestellt, d.h. auf das Winkelmaß mit der 90°-Einteilung für einen rechten Winkel.

a) Wie viele Grade haben die Winkel $x = 0{,}5$ und $x = 5{,}82$?
b) Stellen Sie Ihren Rechner auf RAD und tippen Sie
0,5 [sin] . Nun stellen Sie ihn auf DEG um und tippen
[INV] [sin] . Welchen Wert haben Sie erhalten? Weshalb geht diese Umrechnung nicht für $x = 5{,}82$?

M 11 Aus der Definition $x = \frac{b}{r}$ für das Bogenmaß und der Umrechnungsformal $x = \frac{\pi\varphi}{180°}$ ergeben sich für die Berechnung eines Kreisbogens zwei Formeln

Kreisbogen $b = r\,x$ (x = Mittelpunktswinkel im Bogenmaß)

und

Kreisbogen $b = r\,\frac{\pi\,\varphi}{180°}$ (φ = Mittelpunktswinkel im Gradmaß)

a) Wie lang ist der Kreisbogen zum Mittelpunktswinkel $\frac{3}{4}\pi$ bei dem Radius 7,35 ?

b) Wie groß ist bei einem Kreissektor mit dem Radius 2,38 und dem Bogen 7,02 der Mittelpunktswinkel im Gradmaß ?

M 12 Die Fläche A eines Kreissektors verhält sich zur ganzen Kreisfläche $r^2\pi$ wie der Mittelpunktswinkel α zum Winkel 360°:

$A : r^2\pi = \alpha : 360°$.

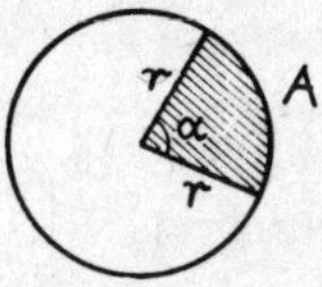

Daraus folgt

$A \cdot 360° = r^2\pi\alpha$

oder

Sektorfläche $A = r^2\,\frac{\pi\alpha}{360°}$. (α = Mittelpunktswinkel im Gradmaß)

Welche Fläche hat der Kreissektor mit $r = 10$ und $\alpha = 40°$?

M 13 Der Vollwinkel 360° hat das Bogenmaß 2π. Setzt man alle Winkel im Bogenmaß ein, lautet die Verhältnisgleichung für die Sektorfläche

$A : r^2\pi = x : 2\pi$.

Hieraus folgt

Sektorfläche $A = \frac{1}{2}r^2\,x$ (x = Mittelpunktswinkel im Bogenmaß)

Beweisen Sie: Ein Kreissektor hat dieselbe Fläche wie ein Dreieck, dessen Grundlinie der Kreisbogen und dessen Höhe der Kreisradius ist. Benutzen Sie dabei die Formeln im Bogenmaß.

M 14 Das Flächenstück, das von einem Kreisbogen und einer Kreissehne begrenzt wird, heißt „Kreisabschnitt" oder „Segment". Seine Fläche ist die Differenz der Sektorfläche und der Fläche des gleichschenkligen Dreiecks MAB.

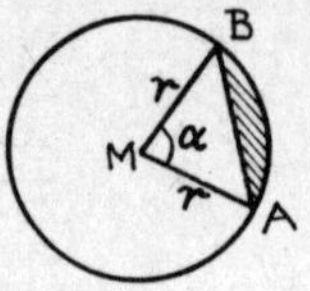

Ist der Radius r = 7,83 und der Mittelpunktswinkel 63,4°, so erhält man, wenn x das Bogenmaß zu 63,4° ist:

Sektorfläche $A_1 = \frac{1}{2} r^2 x$

Dreiecksfläche $A_2 = \frac{1}{2} r^2 \sin x$,

Segmentfläche $A = A_1 - A_2 = \frac{1}{2} r^2 (x - \sin x) = 6{,}51$.

Berechnen Sie Flächeninhalt und Umfang des Segmentes mit dem Radius r = 7 und dem Mittelpunktswinkel 90°.

M 15 Als „Zone" bezeichnet man das Flächenstück zwischen zwei parallelen Sehnen innerhalb eines Kreises. Sein Flächeninhalt ist die Differenz zweier Segmentflächen.

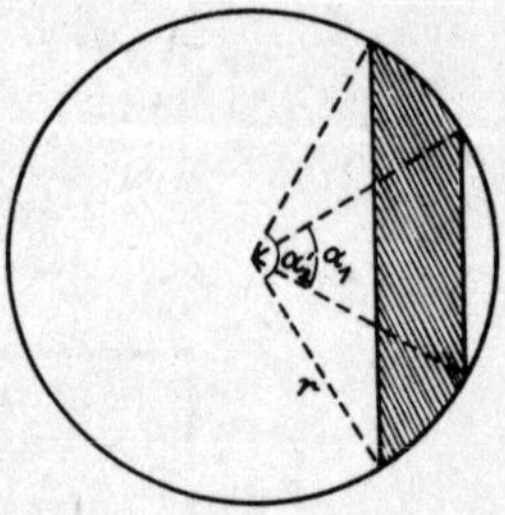

Berechnen Sie die Fläche der Zone, deren Mittelpunktswinkel $\alpha_1 = 53°$ und $\alpha_2 = 125°$

sind und deren Radius r = 8 ist. Welchen Bruchteil der Kreisfläche füllt sie aus?

M 16 In einem geraden Kreiskegel liegt die Spitze S senkrecht über dem Mittelpunkt M des Grundkreises. Jede Ebene, die die Höhe h enthält, schneidet den Kegel in einem gleichschenkligen Dreieck ABS. Die Schenkel sind die Mantellinien s des Kegels. α ist der Öffnungswinkel des Kegels.

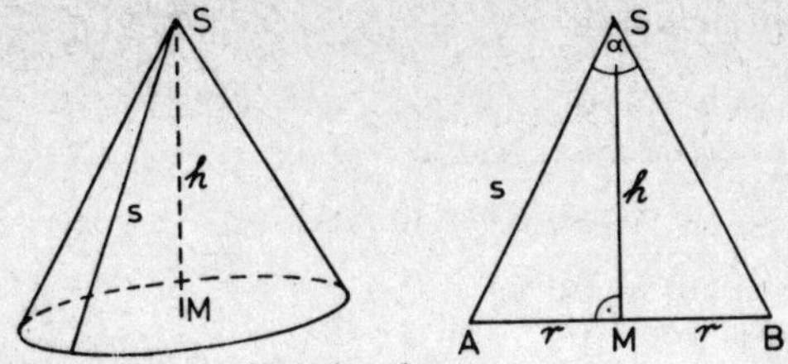

Für das Volumen eines Kegels gilt:

$$V = \frac{1}{3} G h = \frac{1}{3} \pi r^2 h.$$

Ein Kegel hat die Mantellinie s = 8,6 und den Öffnungswinkel $\alpha = 107°$. Berechnen Sie sein Volumen.

M 17 Die Oberfläche eines geraden Kegels besteht aus dem Grundkreis und dem Kegelmantel.
Der Kegelmantel läßt sich abwickeln. Er bekommt dabei die Gestalt

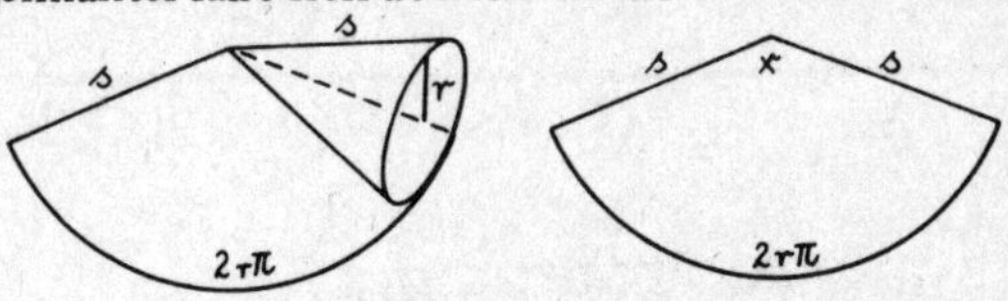

eines Kreissektors, dessen Radius gleich der Mantellinie s des Kegels und dessen Kreisbogen gleich dem Umfang $2 r\pi$ des Grundkreises ist. Also gilt für die Mantelfläche M und diesen Kreisbogen b

$$M = \frac{1}{2} s^2 x, \quad b = 2 r\pi = s x .$$

Elimination von x liefert

$$M = \frac{1}{2} s^2 \cdot \frac{2 r\pi}{s} = sr\pi .$$

Fläche des Kegelmantels $M = sr\pi$.

Ein Kegel wird aus einem Kreissektor mit dem Radius s = 15 und dem Mittelpunktswinkel 130° hergestellt. Berechnen Sie Radius, Höhe, Öffnungswinkel und Mantelfläche des Kegels.

M 18 Man drückt auch in Gleichungen zwischen Winkelfunktionen die Winkel im Bogenmaß aus. So schreibt man die Periodizitätsgleichung der Sinusfunktion $\sin(\varphi + 360°) = \sin \varphi$ in der Form

$$\sin(x + 2\pi) = \sin x.$$

und entsprechend

$$\cos(x + 2\pi) = \cos x.$$

Drücken Sie auch die Periodizität von tan x mit dem Bogenmaß aus.

M 19 Eine weitere wichtige Formel:

$$\sin x = \sin(\pi - x).$$

a) Wie heißt die Formel im Gradmaß?
b) Wo wird sie verwendet?

M 20 Die Komplementbeziehung für die Sinusfunktion lautet:

$$\sin x = \cos\left(\frac{\pi}{2} - x\right)$$

Stellen Sie die entsprechende Formel für cos x auf.

Übungen zu Programm M

1 Von einem Quadrat der Seite $s = 10$ werden vier Viertelkreise, deren Mittelpunkte die Quadratecken und deren Radien $\frac{s}{2}$ sind, weggenommen. Welchen Umfang und welche Fläche hat die übrigbleibende Sternfigur?

2 Um einen Kreis vom Durchmesser $d = 40$ wird ein Ring mit der Breite 0,2 gelegt. Welche Fläche hat dieser Ring?
Welche Fehler begeht man, wenn man die Ringfläche nach der Näherungsformel „Kreisumfang mal Ringbreite" berechnet und dabei

a) den kleineren Radius $\frac{d}{2} = 20$,
b) den größeren Radius 20,2,
c) einen mittleren Radius, nämlich 20,1

verwendet?

3 Drei Kreise mit den Durchmessern $d = 16$ berühren sich paarweise. Welchen Flächeninhalt hat die zwischen ihnen liegende dreizackige Figur?

4 Die Schenkel eines Winkels begrenzen auf einem Kreis um den Scheitel mit dem Radius 2 einen Bogen der Länge 1,5. Wie groß ist das Bogenmaß des Winkels?

---

5 Rechnen Sie die folgenden Winkel ins Bogenmaß um:

$\varphi_1 = 19°$; $\varphi_2 = 15{,}8°$; $\varphi_3 = 113{,}8°$; $\varphi_4 = 271°$; $\varphi_5 = 516°$.

---

6 Rechnen Sie ins Gradmaß um $x_1 = 2$; $x_2 = 3{,}5$; $x_3 = 0{,}128$; $x_4 = 12{,}12$.

---

7 Schreiben Sie im Bogenmaß a) $\sin(90° + \varphi) = \cos\varphi$;
b) $\cos(270° - \varphi) = -\sin\varphi$; c) $\sin(45° + \varphi) = \cos(45° - \varphi)$.

---

8 Ein Kreis hat den Radius r = 4. Zwei seiner Durchmesser schneiden sich unter 48°. Wie lang sind die Bogenstücke, in die diese Durchmesser die Kreislinie zerlegen?

---

9 Welchen Umfang und welche Fläche hat der Kreissektor mit Radius r = 13 und Mittelpunktswinkel $\alpha = 117{,}5°$?

---

10 In einen Kreis mit dem Radius r = 10 sind zwei zueinander parallele Sehnen $s_1 = 14$ und $s_2 = 6$ eingezeichnet. Berechnen Sie das Flächenstück im Kreis zwischen den Sehnen.

---

11 Zwei Kreise mit den Durchmessern 8 cm und 5 cm überlagern sich so, daß die Tangenten an die Kreise in deren Schnittpunkten aufeinander senkrecht stehen. Wie groß ist das Flächenstück, in dem sich die Kreise überdecken?

---

12 a) Berechnen Sie Umfang und Fläche des Kreisringsektors zwischen den Kreisen mit den Radien r = 8 und R = 11, dessen Mittelpunktswinkel 35° ist.
b) Zeigen Sie allgemein: Der Kreisringsektor hat den gleichen Flächeninhalt wie das Trapez, dessen Parallelseiten die gleiche Länge wie die Kreisbogenstücke haben und dessen Höhe R – r ist.
c) Haben der Kreisringsektor und dieses Trapez auch den gleichen Umfang?

---

13 Wie groß ist im Gradmaß der Mittelpunktswinkel eines Kreissektors, dessen Umfang gleich dem Kreisumfang ist?

---

14 Welchen Mittelpunktswinkel im Gradmaß hat ein Kreissektor, dessen Bogen gleich der Seite des dem Kreis einbeschriebenen Quadrats ist?

---

15 Wie groß ist der Mittelpunktswinkel des Kreissektors, den man durch Abwickeln des Mantels eines Kegels mit dem Öffnungswinkel 58° erhält?

---

16 Die Mantelfläche eines Kegels ist doppelt so groß wie die Grundfläche. Berechnen Sie das Kegelvolumen in Abhängigkeit vom Grundkreisradius r.

N Trigonometrische Funktionen mit Parametern

N 1 Zur Darstellung trigonometrischer Funktionen wählen wir auf beiden Achsen die gleiche Einheit. Dann erhalten wir die Kurven in standardisierter Form. Der Winkel ist dabei im Bogenmaß zu messen. Zweckmäßig ist es oft, auf der x-Achse zumindest die Winkel $\frac{\pi}{2} \approx 1{,}57$, $\pi \approx 3{,}14$, $\frac{3}{2}\pi \approx 4{,}71$, $2\pi \approx 6{,}28$ usw., die den Winkeln 90°, 180°, 270°, 360° usw. im Gradmaß entsprechen, zu markieren.
Für die Sinus- und Cosinusfunktion ergeben sich folgende Graphen:

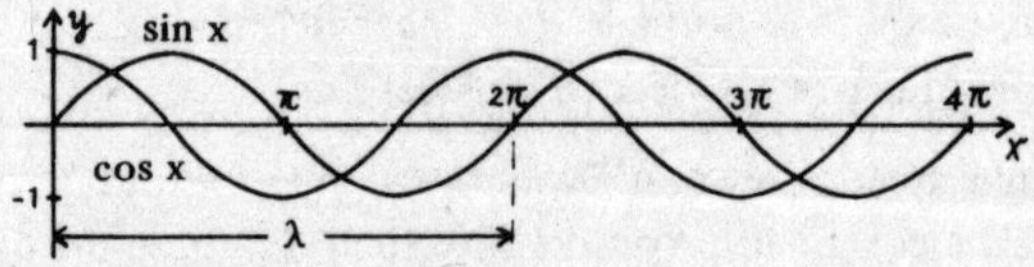

Dabei bezeichnet man die Länge einer Periode als „Wellenlänge" λ.
Bei der Sinus- und Cosinusfunktion ist $\lambda = 2\pi \approx 6{,}28$.
Zum schnellen und bequemen Zeichnen der Sinus- und Cosinusfunktion gibt es Schablonen.
Zeichnen Sie die Kurve $y = \tan x$ für $-\frac{\pi}{2} < x < \frac{3}{2}\pi$.

N 2 Wir multiplizieren die Sinusfunktion mit einem positiven Faktor a:

$y = a \sin x$.

Zu jedem Wert des „Parameters" a gehört eine eigene Funktion.
Für $a = 1$ und $a = 2$ sind es

$y_1 = \sin x$,
$y_2 = 2 \sin x$.

Die erste Funktion ist die bekannte Sinusfunktion, bei der zweiten ist jeder y-Wert doppelt so groß. Sie hat, wie die Physiker sagen, die doppelte „Schwingungsweite" oder „Amplitude".

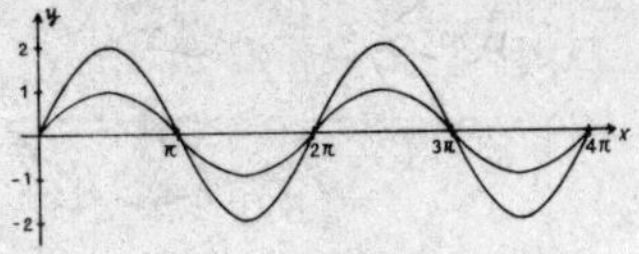

Damit ist die Bedeutung des Parameters a klar: Er ist die Amplitude. Je größer a, desto stärker wird die Sinusfunktion in y-Richtung gedehnt.

Zeichnen Sie die Kurve $y = \frac{1}{2} \sin x$. Was bewirken demnach Parameterwerte zwischen 0 und 1?

N 3 Der Parameter a kann auch negativ sein. Wir betrachten den Sonderfall $a = -1$: $y = -\sin x$.

Um die Kurve zu zeichnen, geben Sie jedem Sinuswert das entgegengesetzte Vorzeichen. Positive Sinuswerte werden negativ, negative werden positiv.

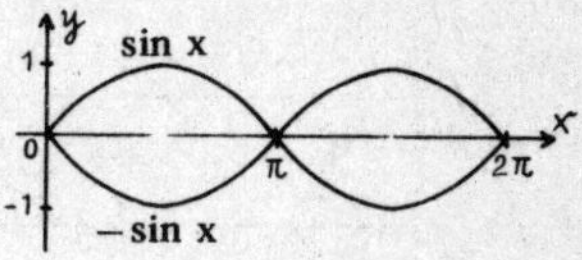

Es entsteht die an der x-Achse gespiegelte Sinuskurve.

Zeichnen Sie $y = -2 \sin x$. Was bewirkt der Faktor -2?

N 4 Sie können auch die Tangensfunktion mit Faktoren multiplizieren. Wir vergleichen

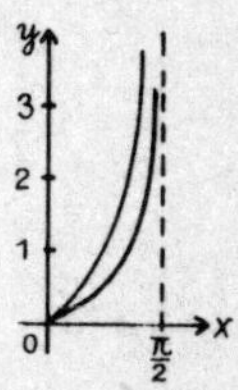

$y_1 = \tan x$

$y_2 = \frac{1}{2} \tan x$.

Der Stauchungseffekt ist auch hier vorhanden, nur nicht so deutlich zu sehen wie bei der Sinuskurve.

Zeichnen Sie $y = -\tan x$. Was bewirkt die Konstante -1?

N 5 Wir untersuchen nun die Wirkung des Parameters b in $y = \sin bx$.

Hierzu vergleichen wir die Funktionen $y_1 = \sin x$, $y_2 = \sin 2x$.

Wenn Sie für die zweite Funktion eine Tabelle anlegen, so ergibt sich:

x	0	$\frac{\pi}{4}$	$\frac{\pi}{2}$	$\frac{3}{4}\pi$	π
2 x	0	$\frac{\pi}{2}$	π	$1\frac{1}{2}\pi$	2π
sin 2 x	0	1	0	-1	0

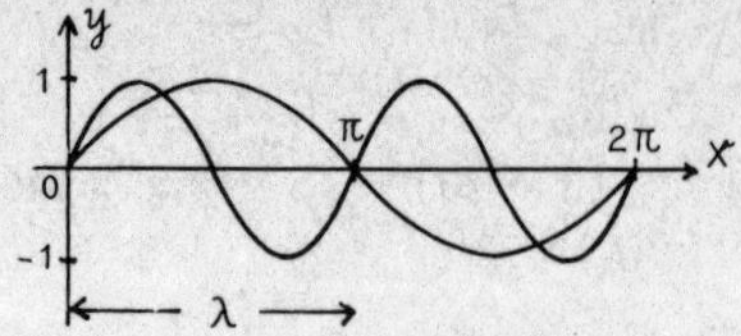

Im Vergleich zu $y = \sin x$ pendelt $y_2 = \sin 2x$ doppelt so oft hin und her. Die Wellenlänge ist halb so groß.

Zeichnen Sie $y = \sin 3x$. Was bewirkt die Konstante 3?

N 6 Wir vergleichen $y_1 = \cos x$ und $y_2 = \cos \frac{1}{2} x$.

x	0	$\frac{\pi}{2}$	π	$\frac{3}{2}\pi$	2π
$\frac{x}{2}$	0	$\frac{\pi}{4}$	$\frac{\pi}{2}$	$\frac{3}{4}\pi$	π
$\cos \frac{x}{2}$	1	0,71	0	– 0,71	.– 1

Die Tabelle zeigt: Bei 2π hat $\cos \frac{1}{2} x$ erst eine halbe Periode durchlaufen.

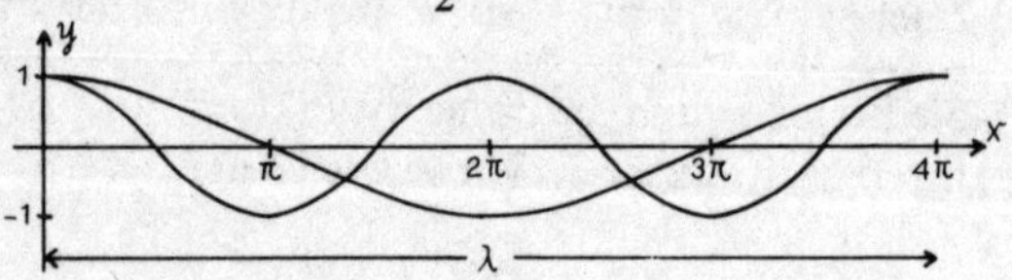

Die Konstante $\frac{1}{2}$ verdoppelt also die Wellenlänge.

Zeichnen Sie $y = \sin \frac{1}{3} x$. Wie wirkt sich der Faktor $\frac{1}{3}$ aus?

N 7 Der Parameter b in $y = \sin bx$ verkürzt die Wellenlänge auf den b-ten Teil von 2π.
Bei $y_1 = \sin x$ ist die Wellenlänge $\lambda_1 = 2\pi$.
Bei $y_2 = \sin bx$ ist sie $\lambda_2 = \frac{2\pi}{b}$.
Sie können durch passende Wahl von b jede beliebige Wellenlänge erreichen. Soll beispielsweise $\lambda = 0,5$ sein, so gilt $0,5 = \frac{2\pi}{b}$ oder $b = \frac{2\pi}{0,5} = 4\pi$.
Die Gleichung der Kurve heißt dann $y = \sin 4\pi x$.
Wie lautet die Cosinusfunktion mit der Wellenlänge 7,2?

N 8 $y = a \sin bx$

enthält zwei Parameter. a dehnt oder staucht die Kurve in y-Richtung, b staucht oder dehnt die x-Richtung. Negative Parameter spiegeln zusätzlich.

Zeichnen Sie $y = -4 \cos \frac{1}{2} x$.

N 9 Wir untersuchen die Wirkung des Parameters c in $y = \sin(x + c)$.

Beispiel: $y = \sin\left(x + \frac{\pi}{4}\right)$.

Die Wertetabelle ergibt im Bogenmaß:

x	0	$\frac{\pi}{4}$	$\frac{\pi}{2}$	$\frac{3}{4}\pi$
$x + \frac{\pi}{4}$	$\frac{\pi}{4}$	$\frac{\pi}{2}$	$\frac{3}{4}\pi$	π
$\sin\left(x + \frac{\pi}{4}\right)$	0,71	1	0,71	0

Bereits die wenigen Werte zeigen den Einfluß des Parameters. Bei $x = 0$ liegt keine Nullstelle mehr; die nächste liegt bei $x = -\frac{\pi}{4}$.

Die Kurve ist also um $\frac{\pi}{4}$ nach links verschoben.

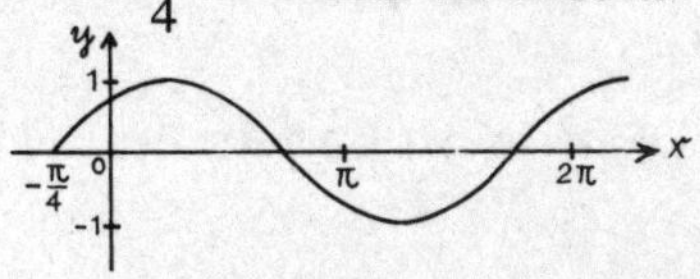

Zeichnen Sie $y = \cos(x - 0{,}5)$. Was bewirkt der Parameterwert $-0{,}5$?

N 10 Wenn Sie die Sinuskurve um $\frac{\pi}{2}$ nach links verschieben, erhalten Sie die Cosinuskurve. Es gilt also

$$\boxed{\sin\left(x + \frac{\pi}{2}\right) = \cos x}$$

a) Wie weit müssen Sie die Cosinuskurve nach rechts verschieben, damit Sie auf die Sinuskurve fällt?

b) Drücken Sie diese Verschiebung durch eine Gleichung aus.

N 11 Der Parameter c in $y = \sin(x + c)$

verschiebt die Kurve, ohne ihre Gestalt zu ändern, in x-Richtung. Positives c bedeutet eine Verschiebung nach links, negatives c eine Verschiebung nach rechts.

Wir zeichnen noch das Bild der Funktion

$y = a \sin b(x + c)$ für die drei Parameterwerte $a = 2$, $b = \frac{1}{2}$ und $c = -\frac{\pi}{2}$:

Die Konstante 2 verdoppelt die Amplitude der Kurve, die Konstante $\frac{1}{2}$ verdoppelt ihre Wellenlänge. $\frac{-\pi}{2}$ bedeutet eine Verschiebung um $\frac{\pi}{2}$ nach rechts.

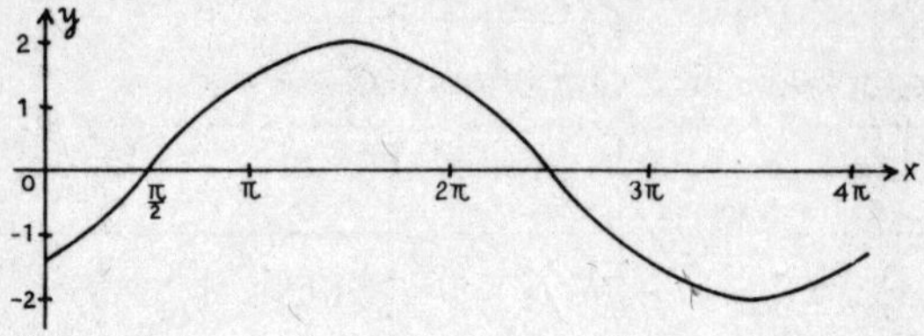

Zeichnen Sie $y = -\frac{1}{2} \cos 2\left(x + \frac{\pi}{4}\right)$.

Was bewirken die Parameterwerte?

N 12 Ist eine Funktion in der Form

$y = \sin (2x + 0{,}8)$

gegeben, so klammern Sie zunächst den Faktor 2 aus:

$y = \sin 2 (x + 0{,}4)$.

Die Kurve $y = \sin 2x$ ist also um 0,4 nach links verschoben.

Zeichnen Sie

$y = \sin \left(\frac{x}{2} - \frac{\pi}{4}\right)$

Übungen zu Programm N

1 Sie ersetzen in der Sinuskurve π durch 3. Nach wie vielen Wellenlängen ist der Fehler so groß geworden, daß die Näherungskurve von der genauen Kurve um eine Wellenlänge abweicht?

---

2 Zeichnen Sie die Kurve

$y = a \cos x$

für $a = 0$; $a = -0{,}5$; $a = 1$; $a = -2$; $a = 3$.

---

3 Zeichnen Sie die Kurve

$$y = \frac{1}{10} \tan x \quad \text{zwischen } x = 0 \text{ und } x = \frac{\pi}{2}.$$

---

4 Für welchen Parameterwert verringert sich die Wellenlänge der Kurve $y = \sin bx$ auf a) den zehnten Teil, b) das 0,75-fache der Wellenlänge von $y = \sin x$?

---

5 Die Wellenlänge einer Sinuskurve, die bei $x = 0$ eine Nullstelle hat, soll $\frac{\pi}{2}$ betragen. Wie heißt die zugehörige Funktion?

---

6 Skizzieren Sie $y = -1{,}5 \cos 4x$.

---

7 Zeichnen Sie die Kurven

$$y_1 = \sin x\,; \quad y_2 = \sin\left(x + \frac{\pi}{6}\right); \quad y_3 = \sin\left(x + \frac{\pi}{3}\right); \quad y_4 = \sin\left(x + \frac{\pi}{2}\right);$$

$$y_5 = \sin\left(x - \frac{\pi}{6}\right)$$

in ein Koordinatensystem.

---

8 Skizzieren Sie

a) $y = -2 \sin\left(x + \frac{\pi}{6}\right)$; b) $y = \frac{1}{2} \cos\left(x - \frac{\pi}{3}\right)$

---

9 Bestimmen Sie Wellenlänge, Amplitude und Verschiebung zu

a) $y = 2{,}4 \cos(0{,}4x + 0{,}3)$; b) $y = 0{,}8 \sin(5x - 2)$.

---

10 Welche Perioden haben die Funktionen

a) $y = 3 \sin(1{,}8x + 2)$; b) $y = \frac{1}{2} \tan(3{,}5x - 4)$?

---

11 Eine Sinuskurve soll die Wellenlänge $\lambda = 0{,}5\,\pi$ und die Amplitude 2 haben. Weiter soll sie um $0{,}5\,\pi$ nach rechts verschoben sein. Wie heißt die Funktion?

---

12 Eine Sinuskurve mit der Amplitude 3 soll die Wellenlänge $\lambda = 0{,}4$ haben und um $\frac{3}{2}\pi$ nach links verschoben sein. Wie heißt die zugehörige Funktion?

O Superposition trigonometrischer Funktionen

O 1 Wir addieren eine Sinus- und eine Cosinusfunktion:

$y = \sin x + \cos x$

nach der Tabelle:

φ	0°	30°	45°	60°	90°	120°	135°	150°	180°
x	0	$\frac{\pi}{6}$	$\frac{\pi}{4}$	$\frac{\pi}{3}$	$\frac{\pi}{2}$	$\frac{2\pi}{3}$	$\frac{3\pi}{4}$	$\frac{5\pi}{6}$	π
sin x	0	0,50	0,71	0,87	1	0,87	0,71	0,50	0
cos x	1	0,87	0,71	0,50	0	0,50	−0,71	−0,87	−1
y = sin x + cos x	1	1,37	1,42	1,37	1	0,37	0	−0,37	−1

φ	210°	225°	240°	270°	300°	315°	330°	360°
x	$\frac{7\pi}{6}$	$\frac{5\pi}{4}$	$\frac{4\pi}{3}$	$\frac{3\pi}{2}$	$\frac{5\pi}{3}$	$\frac{7\pi}{4}$	$\frac{11\pi}{6}$	2π
sin x	−0,50	−0,71	−0,87	−1	−0,87	−0,71	−0,50	0
cos x	−0,87	−0,71	−0,50	0	0,50	0,71	0,87	1
y = sin x + cos x	−1,37	−1,42	−1,37	−1	−0,37	0	0,37	1

Zeichnen Sie den Graphen der Funktion.

O 2 Die Funktionen $y = \sin x$ und $y = \cos x$ lassen sich auch zeichnerisch addieren oder „superponieren".

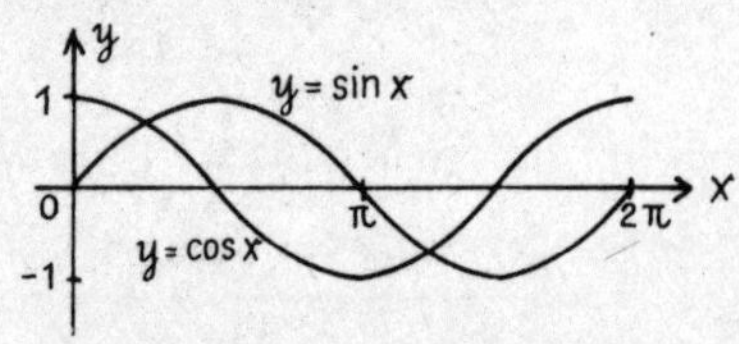

Man mißt hierzu die Ordinaten, die zu einem x-Wert gehören. Sind beide positiv, so addiert man sie zu einer neuen positiven Ordinate.

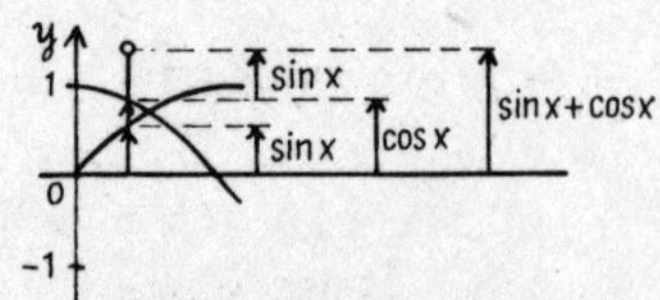

Sind beide negativ, so trägt man die Summe nach unten ab.

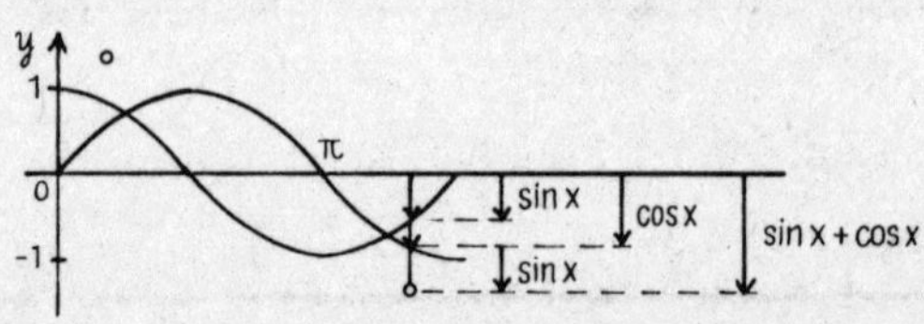

Bei verschiedenen Vorzeichen hat man diese bei der Addition zu berücksichtigen.

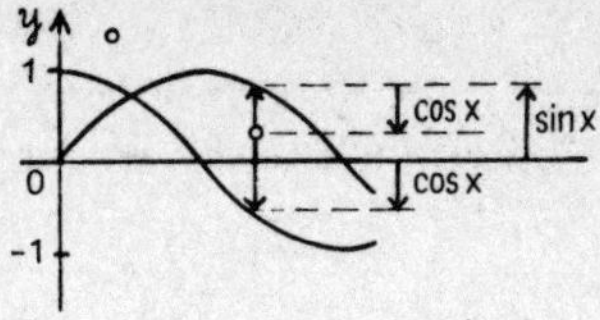

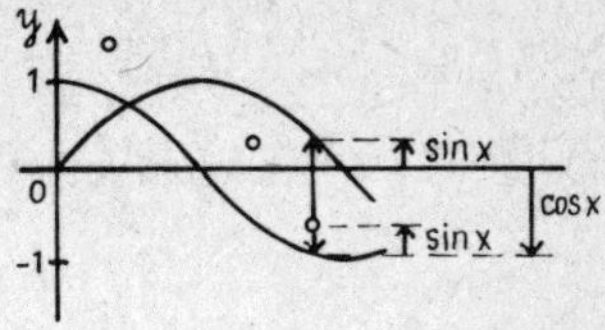

Es entsteht die folgende Kurve:

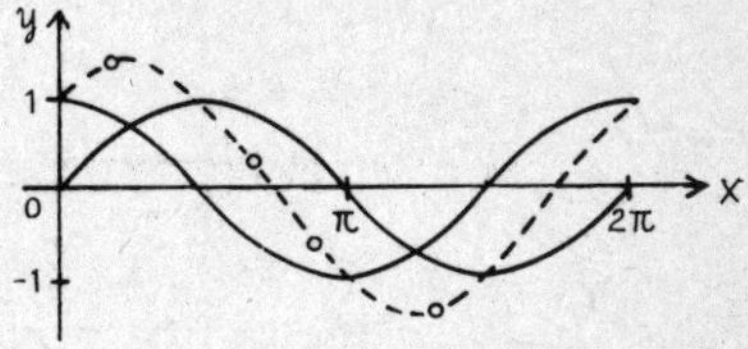

Addieren Sie zeichnerisch die Funktionen $y = 2 \sin x$ und $y = \cos x$.

O 3 Die Funktion

$y = 3 \sin x + 4 \cos x$

ergibt sich durch graphische Überlagerung der beiden Summanden.

Zeichnen Sie durch graphische Superposition die Kurve

$y = 2 \sin x - \cos x =$
$2 \sin x + (-\cos x)$.

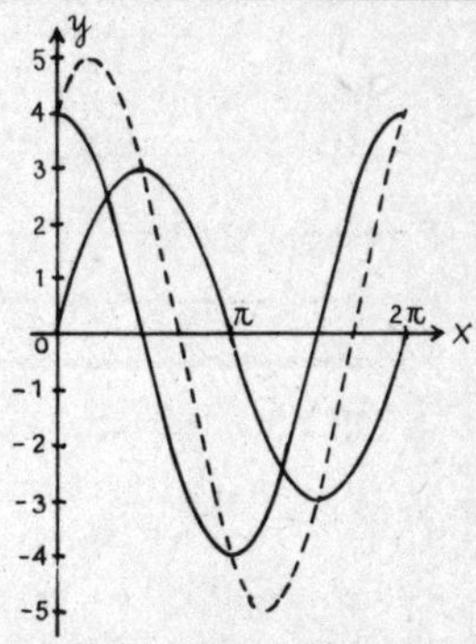

O 4 Sie können auch Kurven mit verschiedenen Wellenlängen überlagern wie

$y = \sin 2x$ und $y = 2 \sin x$.

Skizzieren Sie

$y = \frac{1}{2} \cos x + \cos 2x$.

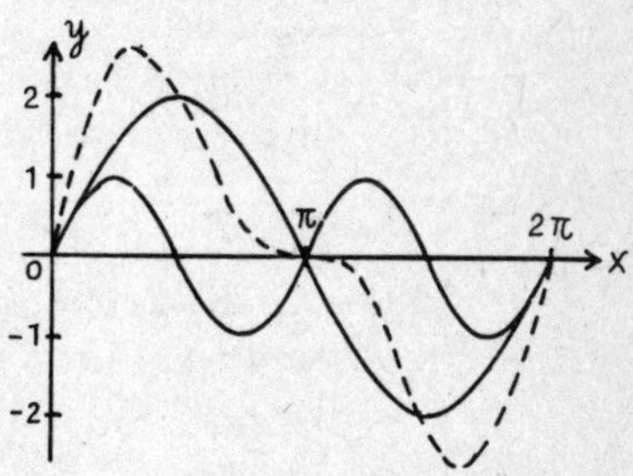

O 5 Wir skizzieren die Kurve

$y = \sin x + \sin \left(x - \frac{\pi}{4}\right)$.

Welche Gestalt hat die Kurve?

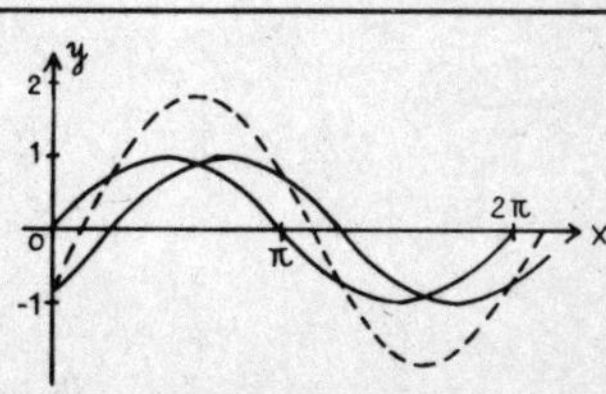

Übungen zu Programm O

1 Superponieren Sie $y_1 = \sin x$ und $y_2 = -\cos x$.

2 Welche Kurve ergibt sich durch Überlagerung von $y_1 = \sin x$ und $y_2 = \sin(x + \pi)$?

3 Überlagern Sie zeichnerisch $y_1 = \sin x$ und $y_2 = \sin\left(x - \frac{\pi}{6}\right)$

4 Skizzieren Sie die Kurve $y = 2 \sin x + 2 \sin\left(x + \frac{\pi}{3}\right)$

5 Zeichnen Sie $y = 3 \sin x + 0{,}5 \sin 3x$ zwischen $x = 0$ und $x = 2\pi$.

6 Zeichnen Sie $y = \sin 2x + \sin 3x$.

7 Zeichnen Sie $y = 2 \sin \frac{1}{2} x + \frac{1}{2} \cos 2x$.

Test V

Aufgabe M

Der Umfang eines Kreissektors mit dem Radius 8 ist 36.

a) Wie groß ist der Mittelpunktswinkel im Grad- und Bogenmaß?

b) Berechnen Sie die Fläche des Kreissegments zu diesem Mittelpunktswinkel.

Aufgabe N

Eine an der x-Achse gespiegelte Cosinuskurve habe die Wellenlänge 0,9 und die Amplitude 3.

a) Wie heißt die zugehörige Funktion?

b) Wie heißt die Funktion, wenn dieselbe Kurve um $0{,}3\,\pi$ nach links verschoben wird?

Aufgabe O

Skizzieren Sie durch graphische Superposition

$y = 3 \sin \frac{1}{3} x + \sin x$ zwischen $x = 0$ und $x = 4\pi$.

VI. Teil: Goniometrie

P Die Additionstheoreme

P 1 Im Programm K 11 wurde das Additionstheorem

$$\boxed{\cos(\alpha - \beta) = \cos\alpha \cdot \cos\beta + \sin\alpha \cdot \sin\beta}$$

bewiesen. Sie können dieses Theorem natürlich auch im Bogenmaß schreiben:

$\cos(x_1 - x_2) = \cos x_1 \cdot \cos x_2 + \sin x_1 \cdot \sin x_2$.

Da das Additionstheorem für beliebige Winkel gilt, können Sie β durch $-\beta$ ersetzen:

$\cos(\alpha + \beta) = \cos\alpha \cdot \cos(-\beta) + \sin\alpha \cdot \sin(-\beta)$.

Wegen $\cos(-\beta) = \cos\beta$ und $\sin(-\beta) = -\sin\beta$ wird daraus

$$\boxed{\cos(\alpha + \beta) = \cos\alpha \cdot \cos\beta - \sin\alpha \cdot \sin\beta.}$$

Bestätigen Sie die Richtigkeit dieser Formel für zwei Winkel $x_1 = 0{,}7$ und $x_2 = 2{,}4$ im Bogenmaß mit dem Taschenrechner.

P 2 Ersetzen Sie in der ersten Formel α durch $90° - \alpha$, so erhalten Sie $\cos(90° - \alpha - \beta) = \cos(90° - \alpha) \cdot \cos\beta + \sin(90° - \alpha) \cdot \sin\beta$.
Mit $\cos(90° - (\alpha + \beta)) = \sin(\alpha + \beta)$, $\cos(90° - \alpha) = \sin\alpha$ und $\sin(90° - \alpha) = \cos\alpha$ ergibt sich das Additionstheorem

$$\boxed{\sin(\alpha + \beta) = \sin\alpha \cdot \cos\beta + \cos\alpha \cdot \sin\beta}$$

für die Sinusfunktion.

Bestimmen Sie die Formel für $\sin(\alpha - \beta)$.

P 3 Additionstheoreme für die Tangensfunktion erhalten Sie aus denen für die Sinus- und Cosinusfunktion.

$$\tan(\alpha + \beta) = \frac{\sin(\alpha + \beta)}{\cos(\alpha + \beta)} = \frac{\sin\alpha\cos\beta + \cos\alpha\sin\beta}{\cos\alpha\cos\beta - \sin\alpha\sin\beta}$$

Wenn Sie diesen Bruch durch $\cos\alpha\cos\beta$ kürzen, so erhalten Sie

$$\frac{\frac{\sin\alpha}{\cos\alpha}+\frac{\sin\beta}{\cos\beta}}{1-\frac{\sin\alpha}{\cos\alpha}\,\frac{\sin\beta}{\cos\beta}}=\frac{\tan\alpha+\tan\beta}{1-\tan\alpha\tan\beta}$$

$$\boxed{\tan(\alpha+\beta)=\frac{\tan\alpha+\tan\beta}{1-\tan\alpha\cdot\tan\beta}}$$

Berechnen Sie ohne Taschenrechner $\tan 75°$ aus den bekannten Werten $\tan 30° = \frac{\sqrt{3}}{3}$ und $\tan 45° = 1$. Überprüfen Sie das Ergebnis mit dem Taschenrechner.

P 4 Ersetzen Sie β durch $-\beta$, so ergibt sich

$$\tan(\alpha-\beta)=\frac{\tan\alpha+\tan(-\beta)}{1-\tan\alpha\tan(-\beta)}$$

und, da $\tan(-\beta) = -\tan\beta$ ist,

$$\boxed{\tan(\alpha-\beta)=\frac{\tan\alpha-\tan\beta}{1+\tan\alpha\tan\beta}}$$

Was ergibt sich nach dieser Formel, wenn Sie $\alpha = 120°$ und $\beta = 30°$ einsetzen?

P 5 Ein Sonderfall des Additionstheorems: Für $\alpha = \beta$ ergibt sich

$\sin(\alpha+\alpha) = \sin\alpha\cos\alpha + \cos\alpha\sin\alpha$

oder einfacher

$$\boxed{\sin 2\alpha = 2\sin\alpha\cos\alpha}$$

Diese Formel drückt den doppelten Winkel durch den einfachen aus. Aus $\cos(\alpha+\alpha) = \cos\alpha\cos\alpha - \sin\alpha\sin\alpha$ folgt

$$\boxed{\cos 2\alpha = \cos^2\alpha - \sin^2\alpha}$$

Wie lautet die entsprechende Formel für $\tan 2\alpha$?

P 6 Eine Anwendung der Additionstheoreme: Die Kurve

$y = \frac{3}{5}\cos x + \frac{4}{5}\sin x$

soll im Bereich $0 \leqslant x \leqslant 2\pi$ gezeichnet werden.
Sie kommen ohne Überlagerung aus. Denn wegen

$$\left(\frac{3}{5}\right)^2 + \left(\frac{4}{5}\right)^2 = 1$$

können Sie $\frac{3}{5}$ als den Sinus, $\frac{4}{5}$ als den Cosinus eines noch unbekannten Winkels x_0 auffassen:

$$\frac{3}{5} = \sin x_0 \ ; \quad \frac{4}{5} = \cos x_0 .$$

Dann ist

$$y = \sin x_0 \cos x + \cos x_0 \sin x = \sin (x + x_0).$$

Die Überlagerung der beiden Kurven ergibt also eine um x_0 nach links verschobene Sinuskurve. Den Verschiebungswinkel erhalten Sie aus $\sin x_0 = \frac{3}{5}$. Diese Gleichung hat die Lösungen $x_0 = 0{,}64$ und $x_0' = 2{,}50$. Da jedoch $\cos x_0$ positiv ist, scheidet der zweite Wert aus.

Zeichnen Sie $y = \frac{3}{5} \cos x + \frac{4}{5} \sin x = \sin (x + 0{,}64)$.

P 7 Jede Kurve der Form $y = a \sin x + b \cos x$ kann man als eine einzige Sinuskurve schreiben und zeichnen. Sie setzen $a = k \cos x_0$; $b = k \sin x_0$. Dann ist

$$a^2 + b^2 = k^2 (\cos^2 x_0 + \sin^2 x_0) = k^2 \cdot 1 = k^2 ; \quad k = \sqrt{a^2 + b^2}.$$

Daraus folgt

$$y = k\left(\frac{a}{k} \sin x + \frac{b}{k} \cos x\right).$$

Wenn Sie nun noch x_0 aus $\frac{a}{k} = \cos x_0$ und $\frac{b}{k} = \sin x_0$ bestimmen, können Sie wie in P 6 weiterrechnen. Beispiel:

$$y = 2 \sin x + 3 \cos x$$

$$y = \sqrt{13} \left[\frac{2}{\sqrt{13}} \sin x + \frac{3}{\sqrt{13}} \cos x\right]$$

$$\cos x_0 = \frac{2}{\sqrt{13}} ; \sin x_0 = \frac{3}{\sqrt{13}} ; x_0 = 0{,}98 ;$$

$$y = \sqrt{13} \sin (x + 0{,}98).$$

Fassen Sie $y = 3 \sin x - 5 \cos x$ zu einer einzigen Sinusfunktion zusammen.

P 8 Weitere goniometrische Formeln erhalten Sie, wenn Sie zwei Formeln für die gleiche Winkelfunktion addieren oder subtrahieren. Ein Beispiel:

$$\sin(\alpha+\beta) - \sin(\alpha-\beta) = \sin\alpha\cos\beta + \cos\alpha\sin\beta$$
$$- (\sin\alpha\cos\beta - \cos\alpha\sin\beta), \text{ also}$$

$$\boxed{\sin(\alpha+\beta) - \sin(\alpha-\beta) = 2\cos\alpha\sin\beta.}$$

Was ergibt sich aus dieser Beziehung, wenn Sie $\alpha+\beta=\gamma$ und $\alpha-\beta=\delta$ setzen?

Übungen zu Programm P

1 Setzen Sie $\beta=\alpha$ in der Formel für $\cos(\alpha-\beta)$. Welche Formel ergibt sich?

---

2 Welche Beziehung besteht zwischen α und β, wenn der Nenner in der Formel für $\tan(\alpha-\beta)$ Null wird?

---

3 Überprüfen Sie die Formel für $\sin(x_1 - x_2)$ für $x_1 = 2{,}34$ und $x_2 = 3{,}06$ mit dem Taschenrechner.

---

4 Leiten Sie aus den Additionstheoremen Formeln für a) $\sin 3x$ und b) $\cos 3x$ her.

---

5 Zeichnen Sie die Kurve zu

$$y = 2\sin x - 4\cos x,$$

nachdem Sie die Differenz durch eine einzige Funktion ersetzt haben.

---

6 Welche Formel ergibt sich, wenn Sie die Formeln für $\cos(\alpha-\beta)$ und $\cos(\alpha+\beta)$subtrahieren und $\alpha+\beta=\gamma$ und $\alpha-\beta=\delta$ setzen?

Q Goniometrische Gleichungen und Ungleichungen

Q 1 Goniometrische Gleichungen sind Bestimmungsgleichungen, in denen die Variable in trigonometrischen Funktionen auftritt. Einfache Beispiele wie $\tan x = 2$ oder $\sin x = 0{,}5$ haben Sie bereits kennengelernt. Wir lösen nun die Gleichung $\tan 2x = 1$.

Wenn Sie zunächst $2x = z$ setzen und z als Unbekannte betrachten, erhalten Sie im Bereich $0 \leqslant z < \pi$

$$z = \frac{\pi}{4}.$$

Da $\tan z$ die Periode π hat, lassen sich sämtliche Lösungen in der Form

$$z = \frac{\pi}{4} + k\pi\,; \quad k \in \mathbb{Z}$$

darstellen. Hieraus folgt mit $x = \frac{z}{2}$:

$$x = \frac{\pi}{8} + k\frac{\pi}{2}; \quad k \in \mathbb{Z}.$$

Die Lösungsmenge der Gleichung schreibt man

$$\mathbb{L} = \left\{\frac{\pi}{8} + k\frac{\pi}{2}; \quad k \in \mathbb{Z}\right\}.$$

Lösen Sie $\tan 3x = -0{,}5$.

Q 2 Zum Lösen goniometrischer Ungleichungen skizzieren Sie am besten den Verlauf der Funktion in einem Intervall von der Länge einer Periode. Beispiel: $0 < \tan x < 1$.

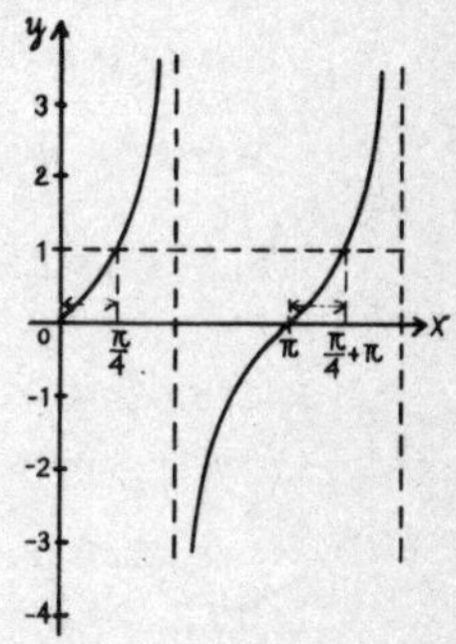

Wenn Sie zur x-Achse eine Parallele im Abstand 1 einzeichnen, erkennen Sie: Die x-Werte, für die die Ungleichung erfüllt ist, liegen im Intervall

$$0 < x < \frac{\pi}{4}.$$

Da die Tangensfunktion periodisch ist, können Sie zu jedem x-Wert dieses Intervalls ein ganzzahliges Vielfaches der Periode addieren: Die Lösungsmenge der Ungleichung ist also

$$\mathbb{L} = \left\{x \mid 0 + k\pi < x < \frac{\pi}{4} + k\pi\,; \quad k \in \mathbb{Z}\right\}$$

Bestimmen Sie die Lösungsmenge von $\tan 2x < 1$.

Q 3 Die Gleichung $\sin x = 2 \cos x$ enthält zwei verschiedene Winkelfunktionen. In solchen Fällen ist es zweckmäßig, die beiden Funktionen auf eine zu reduzieren. Hier geht das am einfachsten, wenn man durch cos x dividiert.

Für $\cos x \neq 0$ gilt $\frac{\sin x}{\cos x} = 2$ oder $\tan x = 2$.

Da $\cos x = 0$ zu keiner Lösung führt, ist $\mathbb{L} = \{1{,}107 + k\pi;\ k \in \mathbb{Z}\}$.

Lösen Sie $3 \sin x = -5 \cos x$.

Q 4 Hat die Ungleichung $\sin 2x > 2 \cos 2x$ im Intervall $0 < x < \frac{\pi}{4}$ Lösungen?

Da $\cos 2x$ im angegebenen Intervall stets positiv ist, können Sie durch $\cos 2x$ dividieren, ohne daß das Ungleichheitszeichen geändert werden muß. Sie erhalten so

$\tan 2x > 2$.

Sie setzen $2x = z$, markieren die Funktion $y = \tan z$ und zeichnen die Parallele zur z-Achse im Abstand 2.

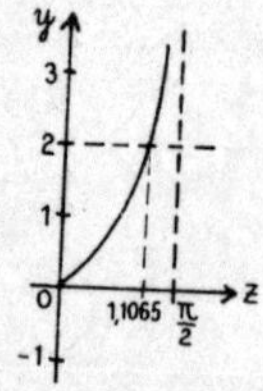

Aus der graphischen Darstellung entnehmen Sie das Lösungsintervall $1{,}107 < z < \frac{\pi}{2}$.

Wenn Sie wieder z durch x ersetzen, ergibt sich die Lösungsmenge

$\mathbb{L} = \{x \mid 0{,}554 < x < \frac{\pi}{4}\}$.

Ist $\sin 2x > 2 \cos 2x$ auch für $\frac{\pi}{4} < x < \frac{\pi}{2}$ lösbar?

Q 5 Wir lösen nun die Gleichung

$\sin 2x = 0{,}5$.

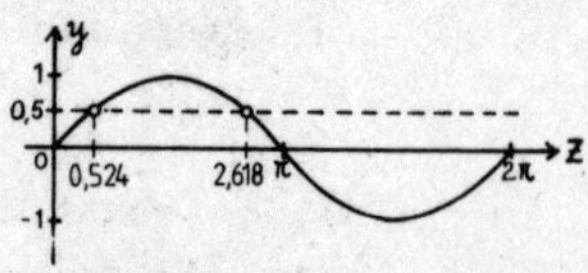

Aus der graphischen Darstellung von $y = \sin z$ erkennen Sie, daß die Gleichung $\sin z = 0{,}5$ innerhalb einer Periode zwei Lösungen hat, nämlich 0,524 und $\pi - 0{,}524 = 2{,}618$.

Damit ist $z = 0{,}524 + k \cdot 2\pi$ oder $z = 2{,}618 + k \cdot 2\pi$

also $x = 0{,}262 + k\pi$ oder $x = 1{,}309 + k\pi$.

Die Lösungsmenge ist also $\mathbb{L} = \{0{,}262 + k\pi;\ 1{,}309 + k\pi \mid k \in \mathbb{Z}\}$.

Geben Sie sämtliche Lösungen der Gleichung $\cos 3x = -0{,}3$ an.

Q 6 Auch zur Lösung der Ungleichung $\cos 2x > 0{,}65$ machen Sie sich eine Skizze. Um die Lösung gut zu überblicken, wählen Sie das Periodenintervall $-\pi < z < \pi$.

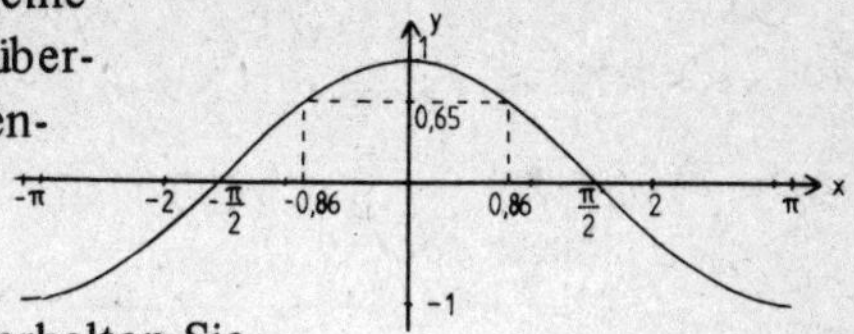

Mit Hilfe des Taschenrechners erhalten Sie
$-0{,}863 < z < 0{,}863$
oder $-0{,}432 < x < 0{,}432$.
Die Lösungsmenge der goniometrischen Ungleichung ist
$\mathbb{L} = \{x \mid -0{,}432 + k \cdot \pi < x < 0{,}432 + k \cdot \pi\,;\, k \in \mathbb{Z}\}$.

Lösen Sie $\sin 0{,}2\,x < 0{,}3$.

Q 7 Bei der Ungleichung $\tan(2x + 3) > 0$ setzen Sie $2x + 3 = z$.
Es entsteht $\tan z > 0$, eine Ungleichung, deren Lösungen Sie sofort übersehen:

$$0 + k\pi < z < \frac{\pi}{2} + k\pi.$$

Wenn Sie nun z wieder durch $2x + 3$ ersetzen, erhalten Sie

$$0 + k\pi < 2x + 3 < \frac{\pi}{2} + k\pi \quad \text{oder} \quad -3 + k\pi < 2x < \frac{\pi}{2} - 3 + k\pi$$

$$\text{oder} \quad -\frac{3}{2} + k\frac{\pi}{2} < x < \frac{\pi}{4} - \frac{3}{2} + k\frac{\pi}{2}.$$

$$\mathbb{L} = \{x \mid -\frac{3}{2} + k \cdot \frac{\pi}{2} < x < \frac{\pi}{4} - \frac{3}{2} + k \cdot \frac{\pi}{2}\,;\, k \in \mathbb{Z}\}$$

oder

$$\mathbb{L} = \{x \mid -1{,}5 + k \cdot \frac{\pi}{2} < x < -0{,}715 + k \cdot \frac{\pi}{2}\,;\, k \in \mathbb{Z}\}.$$

Lösen Sie die Ungleichung $\tan(2{,}5\,x - 3{,}6) < 0$.

Q 8 Die Gleichung $\sin x \cos x = 0$ lösen Sie, indem Sie jeden der beiden Faktoren Null setzen.
Aus $\sin x = 0$ folgt $x = 0 + k\pi$.

Aus $\cos x = 0$ folgt $x = \frac{\pi}{2} + k\pi$.

Beide Lösungen können Sie zusammenfassen in

$\mathbb{L} = \left\{ \frac{k\pi}{2} \,\middle|\, k \in \mathbb{Z} \right\}$.

Zeigen Sie: Die Formel $2 \sin x \cos x = \sin 2x$ liefert die gleiche Lösungsmenge.

Q 9 Die Lösungen von $\left(\sin 2x + \frac{1}{2}\right) \cdot \left(\cos x - \frac{1}{2}\right) = 0$

bekommen Sie, indem Sie beide Faktoren Null setzen.

Der erste Faktor liefert $\sin 2x + \frac{1}{2} = 0$, $\sin 2x = -\frac{1}{2}$,

$2x = -0{,}524 + k \cdot 2\pi$ oder $2x = 3{,}665 + k \cdot 2\pi$,

$x = -0{,}262 + k\pi$ oder $x = 1{,}833 + k\pi$.

Der zweite Faktor ergibt die restlichen Lösungen:

$\cos x - \frac{1}{2} = 0$, $\cos x = \frac{1}{2}$,

$x = 1{,}047 + k \cdot 2\pi$ oder $x = -1{,}047 + k \cdot 2\pi$.

Die Lösungsmenge ist also

$\mathbb{L} = \{-0{,}262 + k \cdot \pi ; 1{,}833 + k \cdot \pi ; 1{,}047 + k \cdot 2\pi ;$
$-1{,}047 + k \cdot 2\pi \mid k \in \mathbb{Z}\}$.

Lösen Sie $\sin^2 x - 4\cos^2 x = 0$.

Q 10 In der goniometrischen Gleichung $\sin^2 x - \sin x = 0$ verwandeln Sie die linke Seite in ein Produkt:

$\sin x (\sin x - 1) = 0$, $\sin x = 0$ oder $\sin x = 1$,

$x = 0 + k\pi$ oder $x = \frac{\pi}{2} + 2k\pi$, $\mathbb{L} = \{k\pi; \frac{\pi}{2} + 2k\pi \mid k \in \mathbb{Z}\}$.

Lösen Sie $\cos^2 x - \cos x = 0$.

Q 11 In der Gleichung $\cos^2 x - \sin x = 0$ ersetzen Sie $\cos^2 x$ durch $1 - \sin^2 x$. Sie erhalten dann $1 - \sin^2 x - \sin x = 0$ oder $\sin^2 x + \sin x - 1 = 0$.

Das ist eine quadratische Gleichung in sin x. Ihre Lösungen sind

$$\sin x = -\frac{1}{2} \pm \sqrt{\frac{1}{4} + 1} = -\frac{1}{2} \pm \frac{\sqrt{5}}{2} .$$

Sie erhalten für sin x zwei Werte:

$\sin x = 0{,}618$ oder $\sin x = -1{,}618$.

Da der Sinus nicht kleiner sein kann als − 1, scheidet die zweite Möglichkeit aus. Aus der ersten ergibt sich

$\mathbb{L} = \{0{,}666 + k \cdot 2\pi;\ \ 2{,}475 + k \cdot 2\pi \mid k \in \mathbb{Z}\}$.

Geben Sie sämtliche Lösungen der Gleichung

$2\cos^2 x - \sin^2 x = \cos x$ an.

Q 12 Zur Lösung von $\cos 2x + 2\cos x = 0$ setzen Sie
$\cos 2x = \cos^2 x - \sin^2 x = 2\cos^2 x - 1$:
$2\cos^2 x - 1 + 2\cos x = 0$.
Diese quadratische Gleichung hat die Lösungen $\cos x = 0{,}366$
und $\cos x = -1{,}366$.

Die zweite ist unbrauchbar.
In $-\pi < x \leqslant \pi$ ist also $x_1 = 1{,}196$ uns $x_2 = -1{,}196$.
Die Lösungsmenge ist
$\mathbb{L} = \{1{,}196 + k \cdot 2\pi; -1{,}196 + k \cdot 2\pi \mid k \in \mathbb{Z}\}$.

Bestimmen Sie die Lösungsmenge von $\sin 2x - \cos x = 0$.

Übungen zu Programm Q

1 Bestimmen Sie die Lösungen von

a) $\cos 2x = -1$; b) $\tan 3x = 0{,}8$.

---

2 Geben Sie sämtliche Lösungen der Gleichungen

a) $\sin(2x + 0{,}4) = 0{,}4$; b) $\tan(0{,}6x - 2) = 1{,}5$ an.

---

3 Lösen Sie die goniometrische Gleichung $2\sin x + 3\cos x = 0$.

---

4 Lösen Sie die Ungleichungen

a) $\sin x > -\frac{1}{4}$; b) $\cos 2x > 0{,}2$; c) $-1{,}5 < \tan(2x-3) < 2$.

---

5 Gibt es Winkel, für die a) $\tan x = \sin x$; b) $\tan x = \cos x$ ist? Wenn ja, welche?

---

6 Lösen Sie a) $2 \sin 2x + \cos x = 0$; b) $\tan 2x = \sin x$.

---

7 Welche der folgenden Gleichungen haben leere Lösungsmengen?

a) $\sin x = -2$; b) $\tan x = 1000$; c) $\sin^2 x + \cos^2 x = 0$;
d) $\sin^2 x + 2\cos^2 x = -1$

Test VI

Aufgabe P
Stellen Sie die Funktion $y = 2 \sin x - 3 \cos x$ durch eine einzige Sinusfunktion dar.

Aufgabe Q
Bestimmen Sie die Lösungsmenge der Gleichung

$2 \cos(3x + 0{,}4) - 3 \sin(3x + 0{,}4) = 0$.

Lösungen

Programm A

A 1 c ist Hypotenuse, a Ankathete, b Gegenkathete von β.

A 2 $c : b = c' : b'$; $4 : 5 = 8 : b' \Rightarrow b' = 10$.

A 3 $\sin \alpha = \frac{a}{5} = 0{,}8$; $a = 4$.

A 4 $\cos \beta = \frac{6}{8} = 0{,}75$.

A 5 $0 < \cos \alpha < 1$.

A 6 $\tan \alpha = \frac{4{,}5}{7{,}5} = 0{,}6$.

A 7

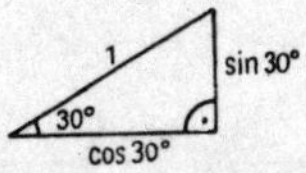

$\sin 30° = 0{,}50$; $\cos 30° = 0{,}87$.

A 8 $\tan 60° = 1{,}73$

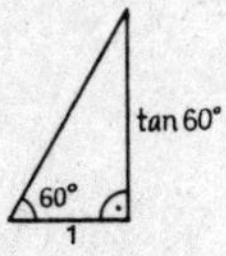

A 9 $\sin \alpha = 0{,}6$; $\cos \alpha = 0{,}8$; $\tan \alpha = 0{,}75$.

A 10 $\tan 30° = \frac{1}{\sqrt{3}}$, $\sin 60° = \frac{1}{2}\sqrt{3}$, $\cos 60° = \frac{1}{2}$, $\tan 60° = \sqrt{3}$.

A 11 $\tan 45° = 1$.

A 12 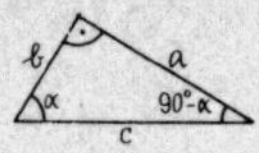

$\cos\alpha = \frac{b}{c} = \sin(90° - \alpha).$

A 13 $\cos 0° = 1$; $\cos 90° = 0$.

A 14 a) Da die Gegenkathete bei gleicher Ankathete beliebig lang sein kann, kann die Tangensfunktion beliebig groß werden.
b) Nein: Da die Länge der Gegenkathete gegen Unendlich strebt, wenn sich der Winkel 90° nähert, ist keine sinnvolle Definition möglich.

A 15 a) 0,2130 ; b) 0,9997 ; c) 0,008727.

A 16 a) 0,9792; b) 0,9999; c) 0,1817; d) 21,205.

A 17 $\alpha = 14{,}40°$, $\beta = 20{,}60°$, $\gamma = 9{,}90°$, $\delta = 68{,}67°$.

A 18 Nein; der Cosinus nähert sich 1, der Tangens aber 0.

Übungen zu Programm A

1 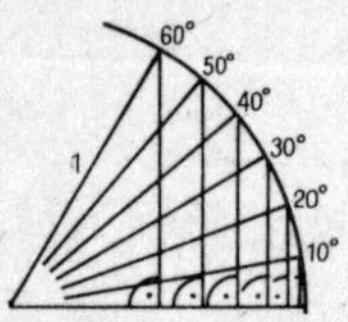

$\sin 10° = 0{,}17$; $\sin 40° = 0{,}64$;
$\sin 20° = 0{,}34$; $\sin 50° = 0{,}77$;
$\sin 30° = 0{,}50$; $\sin 60° = 0{,}87$.

2 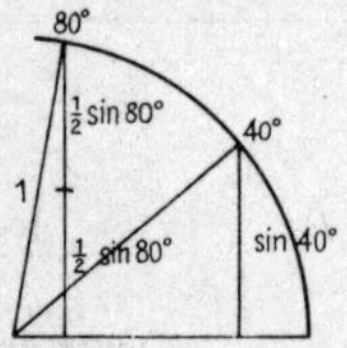

Nein. $\frac{1}{2}\sin 80° = \frac{0{,}9848}{2} = 0{,}4924$;
$\sin 40° = 0{,}6428$.

3 a) 0,6691 ; b) 0,6717 ; c) 19,74 ; d) 0,7570.

4 a) $\alpha = 53{,}9°$; b) 1,1° ; c) 12,1°.

5 $\tan\alpha = \frac{7{,}2}{3{,}4} = 2{,}118 \Rightarrow \alpha = 64{,}7°$; $\beta = 90° - 64{,}7° = 25{,}3°$.

6 Gegenkathete = 4 .

---

7 $\sin\beta = \frac{3}{5} = 0{,}6 \Rightarrow \beta = 36{,}9°$.

---

8 $\tan\beta = \frac{b}{a}$, $a = \frac{b}{\tan\beta} = 9{,}0$.

---

9 $\frac{b}{c} = \tan\beta$; $b = c \cdot \tan\beta = 3{,}5 \cdot 7 = 24{,}5$.

---

10 $\sin\gamma = \frac{c}{b} = \frac{3{,}4}{4{,}5} = 0{,}7556 \Rightarrow \gamma = 49{,}1°$; $\alpha = 90° - 49{,}1° = 40{,}9°$.

---

11 $\cos 45° = \sin(90° - 45°) = \sin 45°$.

---

12 Nein; denn es ist $7^2 + 5^2 \neq 9^2$.

Programm B

B 1 $b = \frac{a}{\sin\alpha} = \frac{3}{0{,}3939} = 7{,}616$.

B 2 $\beta = 90° - \alpha = 43°$; $a = c \cdot \sin\alpha = 5 \cdot 0{,}7314 = 3{,}657$.

B 3 $\frac{b}{a} = \sin\beta$; $a = \frac{b}{\sin\beta} = \frac{6{,}5}{0{,}7157} = 9{,}082$; $\gamma = 90° - 45{,}7° = 44{,}3°$.

B 4 $\sin\beta = \frac{6{,}8}{7{,}2} = 0{,}9444 \Rightarrow \beta = 70{,}8°$; $\alpha = 19{,}2°$;

$\frac{a}{c} = \cos\beta$; $a = c \cdot \cos\beta = 7{,}2 \cdot \cos 70{,}8° = 2{,}37$.

B 5 $\beta = 90° - \alpha = 46{,}8°$; $\frac{b}{c} = \cos\alpha$; $c = \frac{b}{\cos\alpha} = \frac{11{,}7}{0{,}7290} = 16{,}05$.

$\frac{a}{b} = \tan\alpha$; $a = b \cdot \tan\alpha = 11{,}7 \cdot 0{,}9391 = 10{,}99$.

B 6

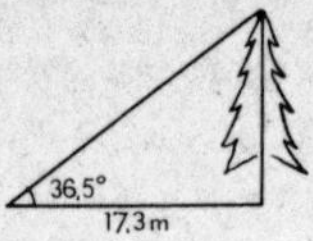

$h = 17{,}3 \cdot \tan 36{,}5° = 17{,}3 \cdot 0{,}7400 = 12{,}8$.

Der Baum ist 12,8 m hoch.

B 7 $x = \dfrac{6}{\sin 0{,}5°} = \dfrac{6}{0{,}008727} = 688$.

Der Ballon ist 688 m vom Beobachter entfernt.

B 8 $d = \dfrac{b}{\sin\alpha} = \dfrac{3}{0{,}6004} = 4{,}997$; $d = \sqrt{16+9} = 5$.

B 9 $A = \dfrac{a \cdot c}{2} \cdot \sin\beta = \dfrac{5 \cdot 3{,}2}{2} \sin 24{,}7° = 8 \cdot 0{,}4179 = 3{,}343$.

B 10

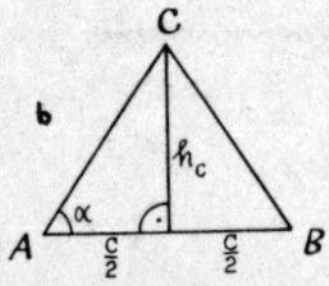

$h_c = \dfrac{c}{2} \cdot \tan\alpha = 2{,}1 \cdot 1{,}483 = 3{,}113$;

$$b = \frac{\frac{c}{2}}{\cos\alpha} = \frac{2{,}1}{0{,}5592} = 3{,}755 .$$

B 11 $s = 2 \cdot 5 \cdot \sin 50° = 10 \cdot 0{,}7660 = 7{,}66$.

B 12 $\sin\dfrac{\alpha}{2} = \dfrac{s}{2r} = \dfrac{7}{8} = 0{,}875 \Rightarrow \dfrac{\alpha}{2} = 61°$; $\alpha = 122°$.

B 13

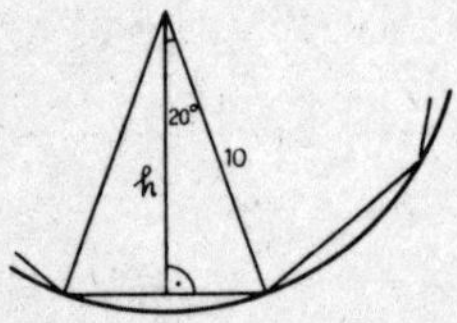

a) $\dfrac{h}{10} = \cos 20°$; $h = 10 \cdot \cos 20° =$
$= 10 \cdot 0{,}9397 = 9{,}397$;

b) $A = 9 \cdot \dfrac{10 \cdot 10}{2} \sin 40° =$
$= 450 \cdot 0{,}6428 = 289{,}3$. (siehe B 9)

B 14 Einbeschriebenes 100-eck:

$s_{100} = 2 \cdot 1 \cdot \sin 1{,}8° = 2 \cdot 0{,}03141 = 0{,}06282$; $u_{100} = 6{,}282$.

Umbeschriebenes 100-eck:

$S_{100} = 2 \cdot \tan 1{,}8° = 2 \cdot 0{,}03143 = 0{,}06286$; $U_{100} = 6{,}286$.

B 15 $\cos\,\alpha = \frac{|B'C'|}{|BC|} = \frac{5}{7} = 0{,}7143\,; \quad \alpha = 44{,}4°\,.$

Übungen zu Programm B

1 $\beta = 47{,}7°\,;$

$c = \frac{b}{\cos\alpha} = \frac{2{,}5}{0{,}7396} = 3{,}38\,; \quad a = b \cdot \tan\alpha = 2{,}5 \cdot 0{,}9099 = 2{,}27.$

---

2 $\tan\beta = \frac{3}{6} = 0{,}5000\,; \quad \beta = 26{,}6°\,; \quad \gamma = 63{,}4°\,; \quad a = \frac{b}{\sin\beta} = 6{,}700.$

3

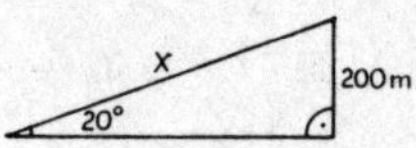

$\sin 20° = \frac{200}{x}\,; \quad x = \frac{200}{0{,}3420} = 585\,.$

Der Skilift ist 585 m lang.

4

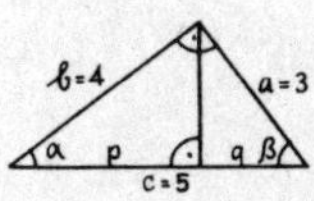

$\cos\alpha = \frac{4}{5} = 0{,}8\,; \quad \cos\beta = \frac{3}{5} = 0{,}6\,.$

$p = b \cdot \cos\alpha = 4 \cdot 0{,}8 = 3{,}2\,; \quad q = a \cdot \cos\beta = 3 \cdot 0{,}6 = 1{,}8\,.$

Kontrolle: $p + q = 3{,}2 + 1{,}8 = 5 = c.$

5

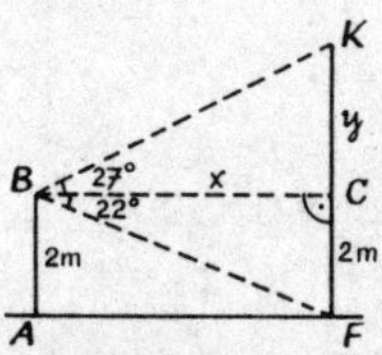

Aus Δ BCF: $x = 2 : \tan 22° = 4{,}95.$

Aus Δ BCK: $y = x \cdot \tan 27° = 4{,}95 \cdot 0{,}5095 = 2{,}52.$

Das Denkmal ist 4,52 m hoch.

---

6 $\frac{x}{30} = \tan 65°\,; \quad x = 30 \cdot \tan 65° = 30 \cdot 2{,}145 = 64{,}3\,.$

$\frac{y}{30} = \tan 73°\,; \quad y = 30 \cdot \tan 73° = 30 \cdot 3{,}271 = 98{,}1.$

Breite des Flusses: b = 98,1 m – 64,3 m = 33,8 m.

---

7 $A = 18 \cdot \frac{10 \cdot 10}{2} \sin 20° = 18 \cdot 50 \cdot 0{,}3420 = 307{,}8\,.$

---

8 $r = \dfrac{s}{2\sin\dfrac{\alpha}{2}} = \dfrac{7{,}3}{2 \cdot 0{,}4833} = 7{,}55.$

---

9 $A = \dfrac{b \cdot c \cdot \sin\alpha}{2} = \dfrac{3 \cdot 5}{2} \cdot 0{,}8434 = 6{,}33.$

---

10 $A = 2 \cdot \dfrac{6 \cdot 1}{2} \cdot \sin 89° = 6 \cdot 0{,}9998 = 6{,}00.$

Programm C

C 1 $|BH| = \dfrac{a}{\sin\dfrac{\alpha}{2}} = \dfrac{10}{0{,}5779} = 17{,}3.$

Nach Pythagoras:

$|BH|^2 = |BC|^2 + |CH|^2 = a^2 + (a\sqrt{2})^2 = a^2 + 2\,a^2 = 3\,a^2\,,$

$|BH| = a\sqrt{3} = 10 \cdot \sqrt{3} = 17{,}32\,.$

C 2 $\cos\beta = \dfrac{b}{d} = \dfrac{6}{18{,}03} = 0{,}3328\,;\ \ \beta = 70{,}6°\,;$

$\cos\gamma = \dfrac{c}{d} = \dfrac{15}{18{,}03} = 0{,}8320\,;\ \ \gamma = 33{,}7°\,;$

$\cos^2\alpha + \cos^2\beta + \cos^2\gamma = 0{,}4437^2 + 0{,}3328^2 + 0{,}8320^2;$

$= 0{,}1969 + 0{,}1108 + 0{,}6923 = 1$

oder $\cos^2\alpha + \cos^2\beta + \cos^2\gamma = \dfrac{a^2}{d^2} + \dfrac{b^2}{d^2} + \dfrac{c^2}{d^2} = \dfrac{a^2 + b^2 + c^2}{d^2} = \dfrac{d^2}{d^2} = 1\,.$

C 3 $\cos\alpha = \dfrac{1}{2} = 0{,}5\,;\ \ \alpha = 60°\,.$

C 4 $\tan\beta = \dfrac{h}{b} = \dfrac{7}{6} = 1{,}1667,\ \beta = 49{,}4°\,;\ |BS| = \dfrac{b}{\cos\beta} = \dfrac{6}{0{,}6508} = 9{,}22\,;$

$\tan\delta = \dfrac{h}{a} = \dfrac{7}{8} = 0{,}8750,\ \delta = 41{,}2°\,;\ |DS| = \dfrac{a}{\cos\delta} = \dfrac{8}{0{,}7524} = 10{,}63\,.$

C 5 a) $h = a \cdot \sin\alpha = 10 \cdot 0{,}8161 = 8{,}161$;

$$V = \frac{1}{3} \cdot \frac{a^2}{4}\sqrt{3} \cdot h = \frac{1}{12} \cdot 100 \cdot 1{,}732 \cdot 8{,}161 = 117{,}8\,.$$

b) $h^2 = a^2 - \left(\frac{a}{3}\sqrt{3}\right)^2 = \frac{6\,a^2}{9}\,,\ h = \frac{a}{3}\sqrt{6} = \frac{10}{3} \cdot 2{,}449 = 8{,}16.$

C 6

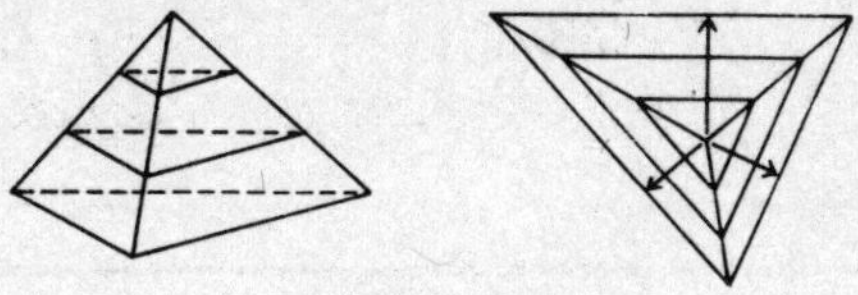

C 7

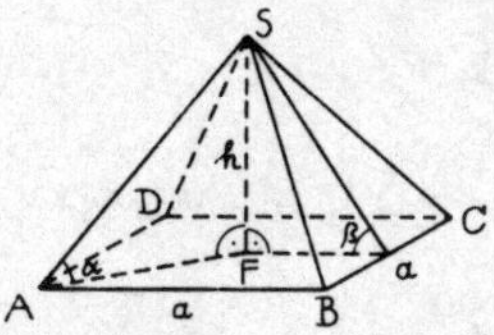

$$|AF| = \frac{a\sqrt{2}}{2} = 8\sqrt{2}\,;$$

Neigungswinkel α der Kanten:

$$\tan\alpha = \frac{h}{|AF|} = \frac{12}{8\sqrt{2}} = 1{,}0607\,,\ \alpha = 46{,}7°\,;$$

Neigungswinkel β der Seitenflächen:

$$\tan\beta = \frac{h}{\frac{a}{2}} = \frac{12}{8} = 1{,}5000\,,\ \beta = 56{,}3°\,.$$

C 8 a) Beim regelmäßigen Oktaeder sind alle Winkel zwischen je zwei Seitenflächen gleich. Also ist auch der zwischen ABE und BCE gleich $2\,\beta = 109{,}5°$.

b) Da das Oktaeder regelmäßig ist, sind die Winkel bei A und E im rechtwinkligen Dreieck AME gleich und somit 45°.

C 9 Wenn die Seite a auf einer Höhenlinie liegt, ist sie gleich ihrer Projektion a'. Die Seite b liegt dann auf einer Fallinie: Für ihre Projektion b' gilt $b' = b \cos\alpha$. Die Flächen sind also

$A = a\,b,\ A' = a'b' = a \cdot b\ \cos\alpha = A \cdot \cos\alpha.$

C 10 Die Grundfläche $G = a^2 = 64$ ist die Projektion der Mantelfläche M,

also $M = \frac{G}{\cos\alpha} = \frac{64}{0{,}4540} = 141{,}0.$

C 11 a) $h_a = \dfrac{h}{\sin\alpha} = 6{,}32, \quad h_b = \dfrac{h}{\sin\beta} = 6{,}95.$

b) $\triangle$ ABS = 22,1, $\triangle$ BCS = 13,9. Doppelte Summe plus Grundfläche = 100.

C 12

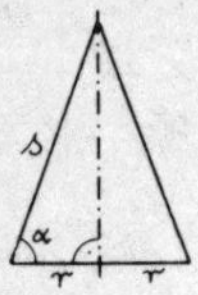

Mantelfläche $M = s r \pi$, $r = s \cos\alpha$, also
Grundfläche $M' = r^2 \pi = r \cdot r\pi$
$= s \cos\alpha \cdot r\pi = M \cdot \cos\alpha$.

Übungen zu Programm C

1

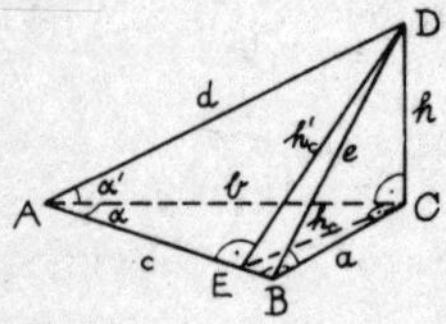

a) $\tan\alpha' = \dfrac{h}{b} = 0{,}5$, $\alpha' = \sphericalangle CAD = 26{,}6°$;

$\sphericalangle ADC = 90° - \alpha' = 63{,}4°$;

$\tan\beta' = \dfrac{h}{a} = 1{,}2$, $\beta' = \sphericalangle CBD = 50{,}2°$;

$\sphericalangle BDC = 90° - \beta' = 39{,}8°$;

$d = |AD| = \dfrac{h}{\sin\alpha'} = \dfrac{6}{0{,}4478} = 13{,}40$;

$e = |BD| = \dfrac{h}{\sin\beta'} = \dfrac{6}{0{,}7683} = 7{,}81$.

b) $\tan\alpha = \dfrac{a}{b} = 0{,}4167$, $\alpha = \sphericalangle BAC = 22{,}6°$;
$\beta = \sphericalangle ABC = 90° - \alpha = 67{,}4°$;

$c = \dfrac{a}{\sin\alpha} = 13{,}0$; $A = \dfrac{1}{2}\,ab = \dfrac{1}{2}\,c\,h_c \Rightarrow h_c = \dfrac{ab}{c} = 4{,}615$

oder $h_c = b \cdot \sin\alpha = 4{,}615$.

c) $h_c'^2 = h^2 + h_c^2 = 57{,}30$, $h_c' = 7{,}570$;

$\sin \sphericalangle BAD = \dfrac{h_c'}{d} = 0{,}5649$; $\sphericalangle BAD = 34{,}4°$;

$\sin \sphericalangle ABD = \dfrac{h_c'}{e} = 0{,}9693$; $\sphericalangle ABD = 75{,}8°$;

$\sphericalangle ABD = 180° - 34{,}4° - 75{,}8° = 69{,}8°$.

2

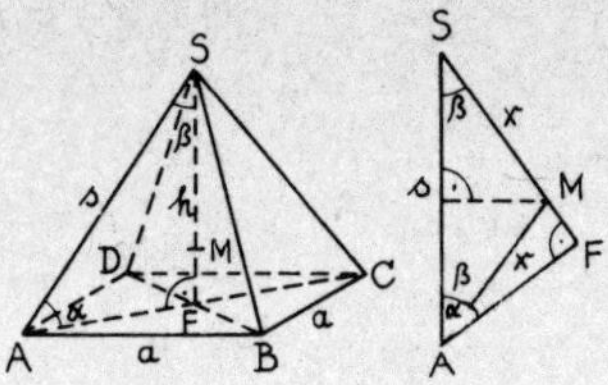

a) $|AF| = \dfrac{a\sqrt{2}}{2} = 7{,}071$.

$\cos\alpha = \dfrac{|AF|}{s} = 0{,}5893$,

$\alpha = 53{,}9^\circ$; $\beta = 90^\circ - \alpha = 36{,}1^\circ$.

b) $x = \dfrac{\frac{s}{2}}{\cos\beta} = 7{,}43$.

3

a) Umkreisradius r des Neunecks aus

$r = \dfrac{\frac{a}{2}}{\sin 20^\circ} = 5{,}848$;

Grundfläche $G = 9 \cdot \frac{1}{2} r^2 \sin 40^\circ = 98{,}9$;

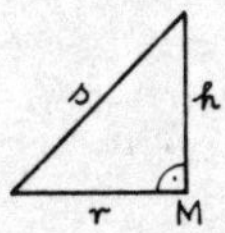

Volumen $V = \frac{1}{3} G \cdot h = 197{,}8$;

b) Seitenkante s aus

$s^2 = r^2 + h^2 = 70{,}20$, $s = 8{,}38$;

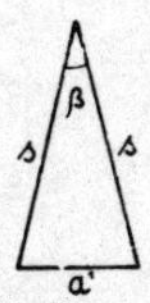

$\sin \dfrac{\beta}{2} = \dfrac{\frac{a}{2}}{s} = 0{,}2387$, $\dfrac{\beta}{2} = 13{,}8^\circ$, $\beta = 27{,}6^\circ$;

Mantelfläche $= 9 \cdot \frac{1}{2} s^2 \cdot \sin\beta = 146{,}4$.

4

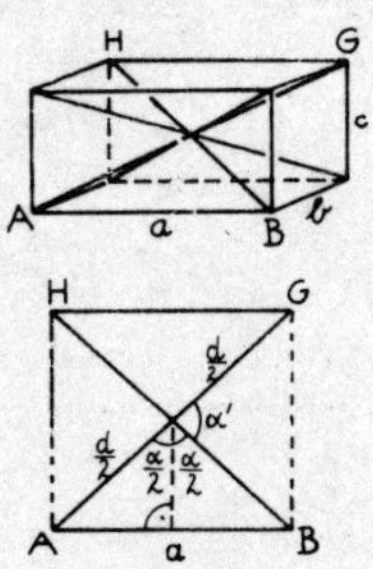

Raumdiagonale

$d = \sqrt{a^2 + b^2 + c^2} = \sqrt{64 + 36 + 16} = 10{,}77$;

$\sin \dfrac{\alpha}{2} = \dfrac{\frac{a}{2}}{\frac{d}{2}} = \dfrac{a}{d} = 0{,}7428$,

$\dfrac{\alpha}{2} = 48{,}0^\circ$, $\alpha = 96{,}0^\circ$, spitzer Winkel $\alpha' = 84{,}0^\circ$;

ebenso $\sin \dfrac{\beta}{2} = \dfrac{b}{d} = 0{,}5571$, $\beta = 67{,}7^\circ$;

$$\sin \frac{\gamma}{2} = \frac{c}{d} = 0{,}3714\ ,\ \gamma = 43{,}6^\circ\ .$$

---

5 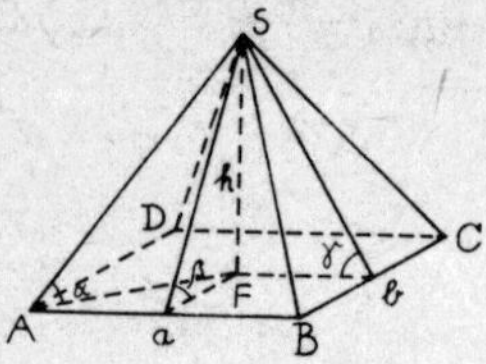

$$|AF| = \frac{1}{2}\sqrt{a^2 + b^2} = \frac{1}{2}\sqrt{170} = 6{,}519\ .$$

Neigungswinkel α aller Kanten:

$$\tan \alpha = \frac{h}{|AF|}\ ;\ \alpha = 50{,}8^\circ.$$

Neigungswinkel β von $\triangle ABS$ und $\triangle CDS$: $\tan \beta = \frac{h}{\frac{b}{2}}\ ;\ \beta = 55{,}5^\circ.$

Neigungswinkel γ von $\triangle BCS$ und $\triangle ADS$: $\tan \gamma = \frac{h}{\frac{a}{2}}\ ;\ \gamma = 66{,}4^\circ.$

---

6 

$$r = \frac{\frac{a}{2}}{\sin 22{,}5^\circ} = 6{,}533\ ;\ h = r \tan \alpha = 16{,}17\ ;$$

$$V = \frac{1}{3}\,Gh = \frac{1}{3}\cdot 8 \cdot \frac{1}{2}\,r^2 \sin 45^\circ \cdot h = 650{,}7\ .$$

---

7 $\tan \alpha = \dfrac{h}{\frac{1}{3}\cdot\frac{a}{2}\sqrt{3}}\ ,\ h = \dfrac{a}{6}\sqrt{3}\cdot \tan \alpha = 5{,}173\ ;$

$$0 = \frac{a^2}{4}\sqrt{3}\,(1 + \frac{3}{\cos \alpha}) = 498{,}4\ ;\ \ V = \frac{1}{3}\cdot\frac{a^2}{4}\sqrt{3}\cdot h = 146{,}3\ .$$

---

8 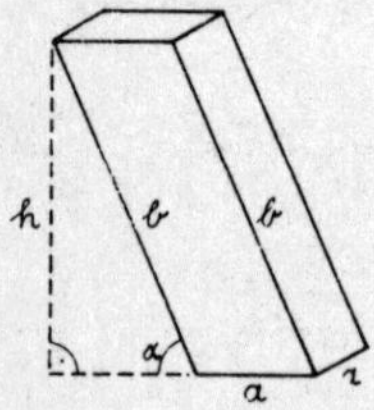

$h = b \sin \alpha = 11{,}025;$

$V = a^2 \cdot h = 176{,}4\ .$

Mantelfläche = 2 Rechtecke + 2 Parallelogr.

$M = 2 \cdot ab + 2 \cdot ah = 192{,}2.$

---

9 $\cos \alpha = \dfrac{M'}{M} = \dfrac{G}{M} = \dfrac{1}{3} = 0{,}3333\ ;\ \alpha = 70{,}5^\circ\ .$

In C 7 hieß dieser Winkel β.

---

10 $\frac{M}{G} = \frac{M}{M'} = \frac{1}{\cos\alpha} = \frac{1}{0{,}2823} = 3{,}542 : 1$.

---

11 a) Die Kanten AB, BC, CD und DA sind halb so lang wie die Diagonalen des Rechtecks aus a und b, also $= \frac{1}{2}\sqrt{a^2 + b^2} = 3{,}61$.

Die Kanten AF, FC, CE und EA sind halb so lang wie die Diagonalen des Rechtecks aus a und c, also $= \frac{1}{2}\sqrt{a^2 + c^2} = 5{,}00$.

Die Kanten BF, FD, DE und EB werden ebenso berechnet, also $= \frac{1}{2}\sqrt{b^2 + c^2} = 4{,}47$.

b) $\triangle$ ABM ist rechtwinklig mit den Katheten $|AM| = \frac{a}{2}$ und $|BM| = \frac{b}{2}$. Seine Fläche ist also $\frac{1}{2}\,|AB| \cdot h_1 = \frac{1}{2} \cdot \frac{a}{2} \cdot \frac{b}{2}$.

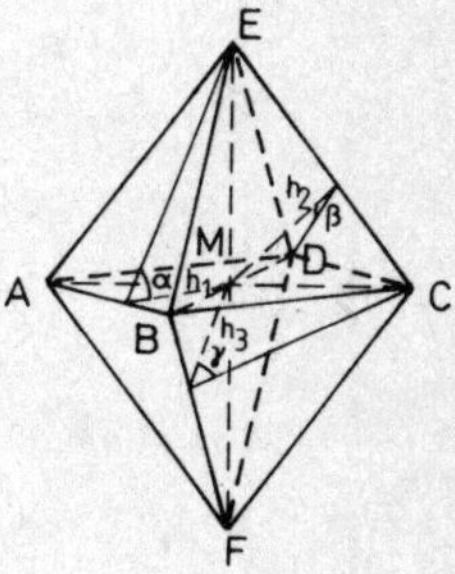

Daraus erhält man

$h_1 = \frac{ab}{4\,|AB|} = 1{,}664$ und

$\tan\alpha = \frac{\frac{c}{2}}{h_1}$, $\alpha = 67{,}4°$.

Der Winkel zwischen ABF und ABE ist doppelt so groß, also $2\,\alpha = 134{,}8°$. Das ist auch der Winkel zwischen BCF und BCE, CDF und CDE sowie DAF und DAE.

Aus $\triangle$ CME erhält man ebenso $h_2 = 2{,}40$ und $\tan\beta = \frac{\frac{b}{2}}{h_2}$,

$\beta = 39{,}8°$. Die Winkel zwischen CEB und CED, EAB und EAD, FAB und FAD sowie FCB und FCD sind also $2\,\beta = 79{,}6°$.

Aus $\triangle$ BFM ergibt sich schließlich $h_3 = 1{,}79$ und $\tan\gamma = \frac{\frac{a}{2}}{h_3}$,

$\gamma = 59{,}2°$. Die Winkel zwischen BFA und BFC, BEA und BEC, EDA und EDC sowie DFA und DFC werden damit $2\,\gamma = 118{,}4°$.

c) Die Projektionen der Mantelflächen der oberen und unteren Teilpyramide in die Horizontale sind gleich der Raute ABCD, haben also die Fläche $A' = \frac{1}{2}\ ab = 12$. Damit wird die ganze Oberfläche $= \frac{2A'}{\cos\alpha} = 62{,}5$.

Test I

Aufgabe A

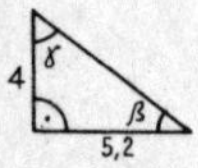

a) $\tan\gamma = \frac{5{,}2}{4} = 1{,}3 \Rightarrow \gamma = 52{,}4°$;

b) $\tan\beta = 0{,}769$.

Aufgabe B

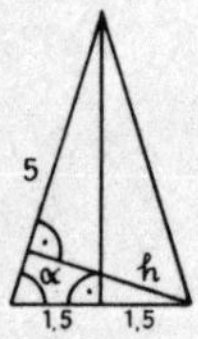

a) $\cos\alpha = \frac{1{,}5}{5} = 0{,}3 \Rightarrow \alpha = 72{,}5°$;

b) $h = 3 \cdot \sin 72{,}5° = 3 \cdot 0{,}953 = 2{,}869$.

Aufgabe C

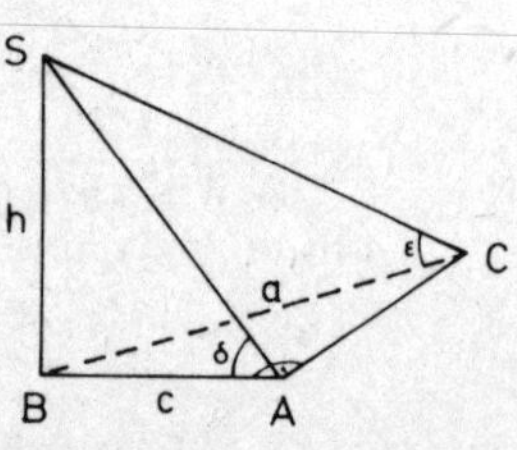

a) $G = \frac{1}{2}\ c\ \sqrt{a^2 - c^2} = 43{,}74$.

b) $\tan\delta = \frac{h}{c}$, $\delta = 52{,}1°$;

$\tan\epsilon = \frac{h}{a}$, $\epsilon = 37{,}6°$.

c) Da Δ ACS bei A rechtwinklig ist, wird sein Neigungswinkel ebenfalls $\delta = 52{,}1°$.

d) $\Delta\, ACS = \frac{G}{\cos\delta}$, also Oberfläche

$$A = \frac{1}{2}\ ch + \frac{1}{2}\ ah + G + \frac{G}{\cos\delta} = 227.$$

Programm D

D 1 B(– 3 | 2) ; C(3 | – 2).

D 2

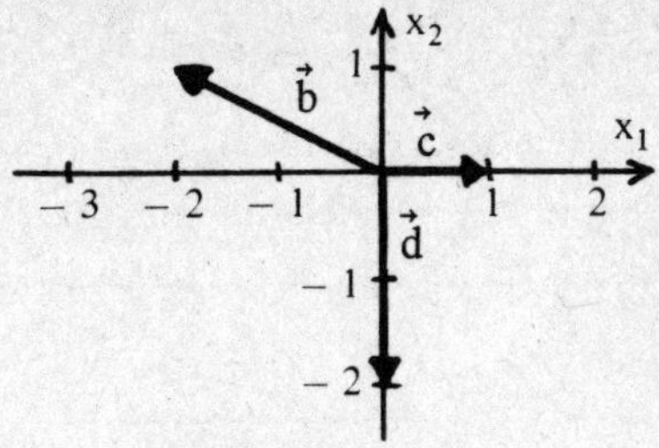

D 3

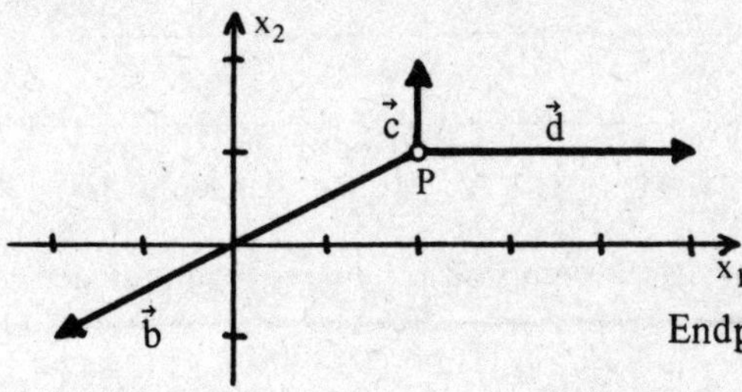

Endpunkt von $\vec{b}$: (– 2 | – 1)
$\vec{c}$: (2 | 2)
$\vec{d}$: (5 | 1)

D 4

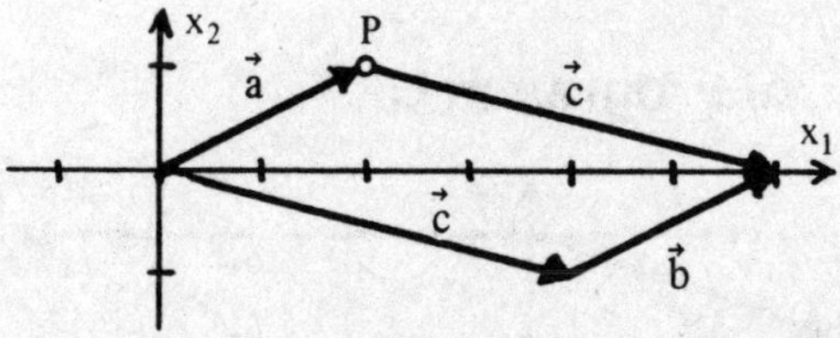

$\vec{a} = \vec{b} = \begin{pmatrix} 2 \\ 1 \end{pmatrix}.$

D 5 $\vec{a} + \vec{b} = \begin{pmatrix} 4 \\ 5 \end{pmatrix} = \vec{b} + \vec{a}.$

D 6

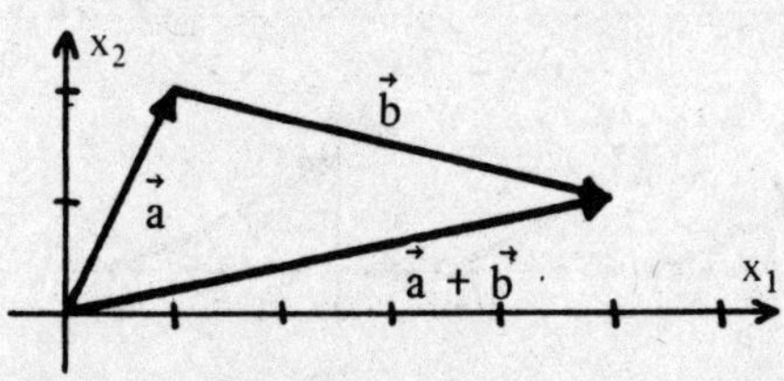

$\begin{pmatrix} 1 \\ 2 \end{pmatrix} + \begin{pmatrix} 4 \\ -1 \end{pmatrix} = \begin{pmatrix} 5 \\ 1 \end{pmatrix}.$

D 7

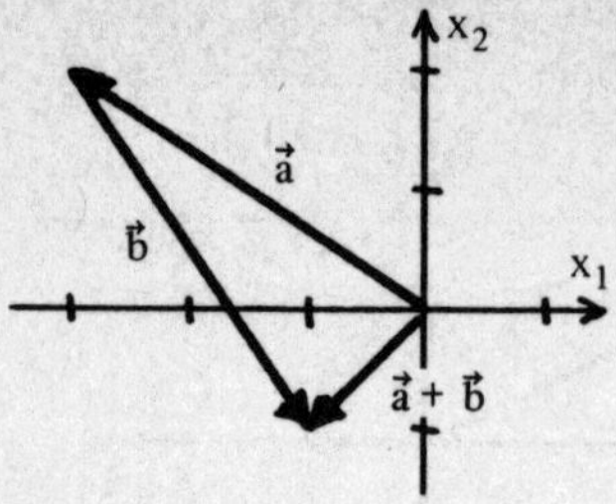

$\begin{pmatrix}-3\\2\end{pmatrix}+\begin{pmatrix}2\\-3\end{pmatrix}=\begin{pmatrix}-1\\-1\end{pmatrix}.$

D 8 $\begin{pmatrix}3\\-5\end{pmatrix}.$

D 9 $\vec{x}=\begin{pmatrix}-4\\2\end{pmatrix}.$

D 10 $\vec{x}=\vec{o}.$

D 11 $\overrightarrow{AB}=\begin{pmatrix}5\\1\end{pmatrix}$; $\overrightarrow{CD}=\begin{pmatrix}-5\\-1\end{pmatrix}$; $\overrightarrow{AC}=\begin{pmatrix}7\\2\end{pmatrix}$; $\overrightarrow{BD}=\begin{pmatrix}-3\\0\end{pmatrix}$.

Alle Verbindungsvektoren sind voneinander verschieden.

Übungen zu Programm D

1

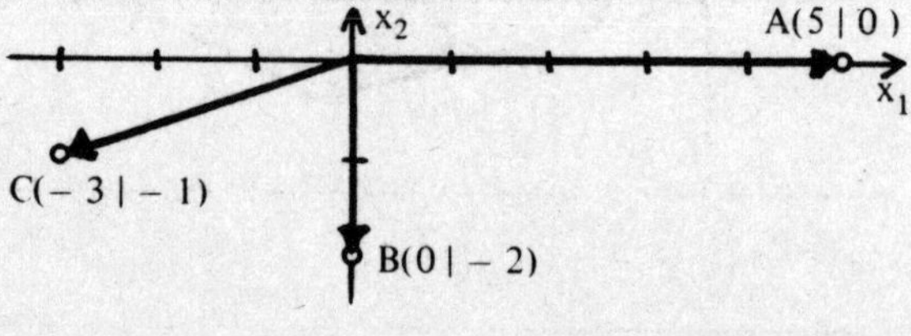

2

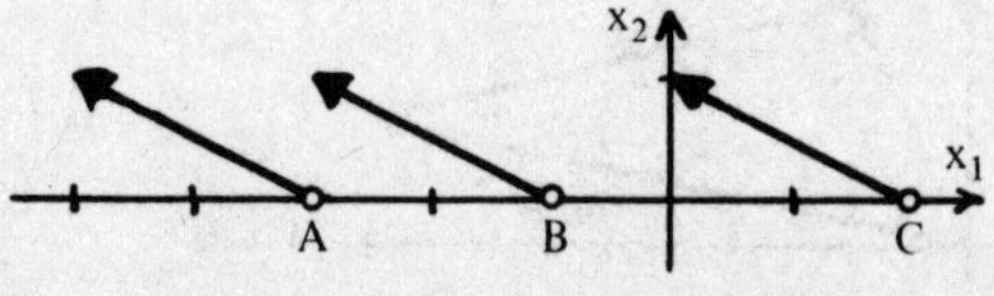

3

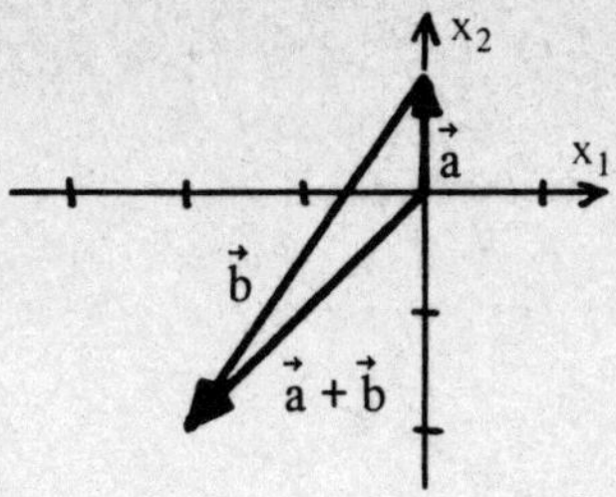

$\vec{a} + \vec{b} = \begin{pmatrix} -2 \\ -2 \end{pmatrix}.$

---

4 a) $\begin{pmatrix} 3 \\ -4 \end{pmatrix}$; b) $\begin{pmatrix} -3 \\ -2 \end{pmatrix}$.

5

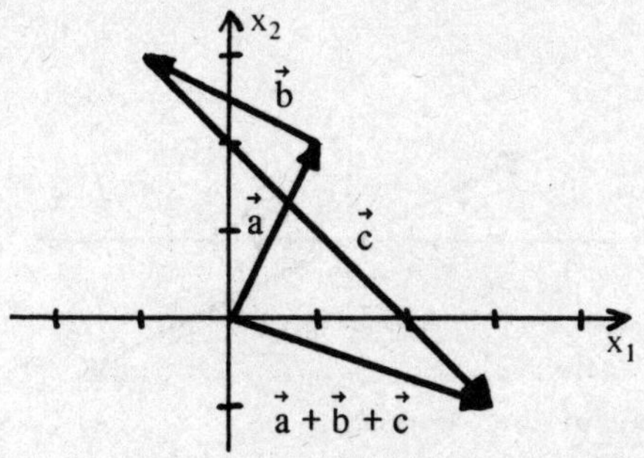

$\vec{a} + \vec{b} + \vec{c} = \begin{pmatrix} 3 \\ -1 \end{pmatrix}.$

---

6 a) $\begin{pmatrix} -5 \\ -3 \end{pmatrix}$; b) $\begin{pmatrix} 2 \\ 4 \end{pmatrix}$; c) $\begin{pmatrix} 3 \\ 0 \end{pmatrix}$; d) $\begin{pmatrix} 0 \\ 0 \end{pmatrix}$.

---

7 a) $\begin{pmatrix} 1 \\ -1 \end{pmatrix}$; b) $\begin{pmatrix} 4 \\ 7 \end{pmatrix}$; c) $\begin{pmatrix} 1 \\ -2 \end{pmatrix}$.

---

8 $\overrightarrow{AB} = \begin{pmatrix} 5 \\ 0 \end{pmatrix}$; $\overrightarrow{BC} = \begin{pmatrix} 0 \\ 2 \end{pmatrix}$; $\overrightarrow{CD} = \begin{pmatrix} -5 \\ 0 \end{pmatrix}$; $\overrightarrow{DA} = \begin{pmatrix} 0 \\ -2 \end{pmatrix}$.

Alle Vektoren sind verschieden. Ihre Summe ist $\vec{o}$.

---

9 a) $\vec{x} = \begin{pmatrix} -2 \\ -2 \end{pmatrix}$; b) $\vec{x} = \begin{pmatrix} 1 \\ -3 \end{pmatrix}$; c) $\vec{x} = \begin{pmatrix} -9 \\ 0 \end{pmatrix}$.

Programm E

E 1 $\begin{pmatrix} 2 \\ -3 \end{pmatrix} + \begin{pmatrix} 2 \\ -3 \end{pmatrix} + \begin{pmatrix} 2 \\ -3 \end{pmatrix} + \begin{pmatrix} 2 \\ -3 \end{pmatrix} = \begin{pmatrix} 8 \\ -12 \end{pmatrix} = \begin{pmatrix} 4 \cdot 2 \\ 4 \cdot (-3) \end{pmatrix}.$

E 2

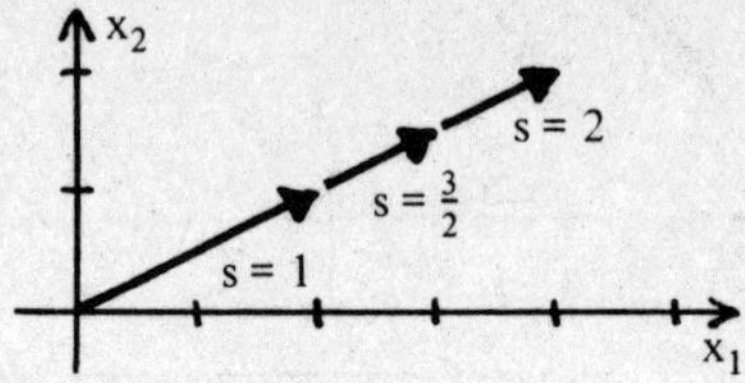

E 3

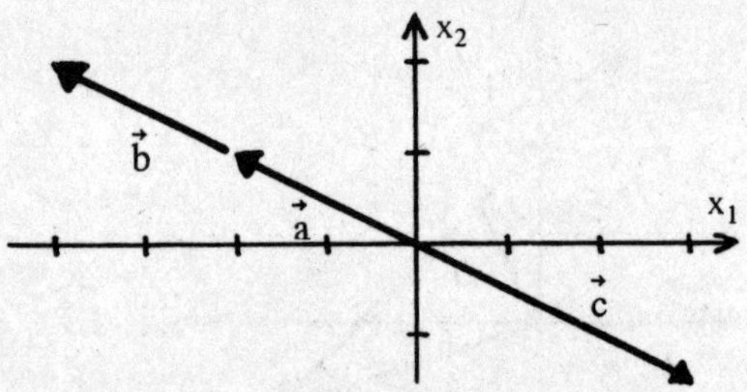

Die Endpunkte liegen auf einer Geraden.

E 4 $(s+t) \cdot \begin{pmatrix} a_1 \\ a_2 \end{pmatrix} = \begin{pmatrix} (s+t)a_1 \\ (s+t)a_2 \end{pmatrix} = \begin{pmatrix} sa_1 + ta_1 \\ sa_2 + ta_2 \end{pmatrix} = \begin{pmatrix} sa_1 \\ sa_2 \end{pmatrix} + \begin{pmatrix} ta_1 \\ ta_2 \end{pmatrix} =$

$s \begin{pmatrix} a_1 \\ a_2 \end{pmatrix} + t \begin{pmatrix} a_1 \\ a_2 \end{pmatrix}.$

E 5 $5 \begin{pmatrix} 2 \\ 3 \end{pmatrix} = \begin{pmatrix} 10 \\ 15 \end{pmatrix}.$

E 6 $3\vec{a} + \frac{3}{4}\vec{b}.$

E 7 $\vec{a} = \frac{1}{s}\vec{c} - \frac{t}{s}\vec{b}.$

Übungen zu Programm E

1 a) $\begin{pmatrix}-10\\0\end{pmatrix}$, b) $\begin{pmatrix}-4\\2\end{pmatrix}$, c) $\begin{pmatrix}0\\0\end{pmatrix}$, d) $\begin{pmatrix}-12\\10\end{pmatrix}$, e) $\begin{pmatrix}13\\0\end{pmatrix}$,

f) $\begin{pmatrix}2s+t\\3s+2t\end{pmatrix}$, g) $\begin{pmatrix}25\\20\end{pmatrix}$, h) $\begin{pmatrix}6\\-6\end{pmatrix}$.

---

2 a) $4\vec{b}$, b) $\frac{5}{6}\vec{a} - \frac{3}{2}\vec{b}$.

---

3 a) $\vec{x} = \begin{pmatrix}2\\2\end{pmatrix}$, b) $\vec{x} = \begin{pmatrix}2\\-3\end{pmatrix}$, c) $\vec{x} = 6\vec{a}$, d) $\vec{x} = 3\vec{b} - \vec{a}$,

e) $\vec{x} = \frac{2}{3}\vec{a}$.

---

4 Links steht ein Vektor, rechts eine Zahl, also hat die Gleichung keinen Sinn.

Programm F

F 1 a) -13; b) 0; c) -7.

F 2 $(\vec{a}+\vec{b})\vec{c} = \left[\begin{pmatrix}a_1\\a_2\end{pmatrix} + \begin{pmatrix}b_1\\b_2\end{pmatrix}\right]\begin{pmatrix}c_1\\c_2\end{pmatrix} = (a_1 + b_1)\,c_1 + (a_2 + b_2)\,c_2 =$

$= a_1 c_1 + b_1 c_1 + a_2 c_2 + b_2 c_2$,

$\vec{a}\vec{c} + \vec{b}\vec{c} = \begin{pmatrix}a_1\\a_2\end{pmatrix}\begin{pmatrix}c_1\\c_2\end{pmatrix} + \begin{pmatrix}b_1\\b_2\end{pmatrix}\begin{pmatrix}c_1\\c_2\end{pmatrix} = a_1 c_1 + a_2 c_2 + b_1 c_1 + b_2 c_2$.

F 3 $\vec{a}\vec{b} = 2 + 3 = 5$, $(\vec{a}\vec{b})\vec{c} = 5\begin{pmatrix}-2\\0\end{pmatrix} = \begin{pmatrix}-10\\0\end{pmatrix}$,

$\vec{b}\vec{c} = -2 + 0 = -2$, $\vec{a}(\vec{b}\vec{c}) = -2\begin{pmatrix}2\\3\end{pmatrix} = \begin{pmatrix}-4\\-6\end{pmatrix} \neq (\vec{a}\vec{b})\vec{c}$.

F 4 $s(\vec{a}\vec{b}) = s\left[\begin{pmatrix} a_1 \\ a_2 \end{pmatrix}\begin{pmatrix} b_1 \\ b_2 \end{pmatrix}\right] = s\,(a_1 b_1 + a_2 b_2) = s\,a_1 b_1 + s\,a_2 b_2$,

$(s\vec{a}) \cdot \vec{b} = \begin{pmatrix} sa_1 \\ sa_2 \end{pmatrix}\begin{pmatrix} b_1 \\ b_2 \end{pmatrix} = s\,a_1 b_1 + s\,a_2 b_2$.

F 5 z.B. $\begin{pmatrix} 4 \\ 5 \end{pmatrix}$ oder $\begin{pmatrix} -4 \\ -5 \end{pmatrix}$.

Alle Vektoren $k\begin{pmatrix} 4 \\ 5 \end{pmatrix}$ geben mit $\begin{pmatrix} 5 \\ -4 \end{pmatrix}$ multipliziert Null.

F 6

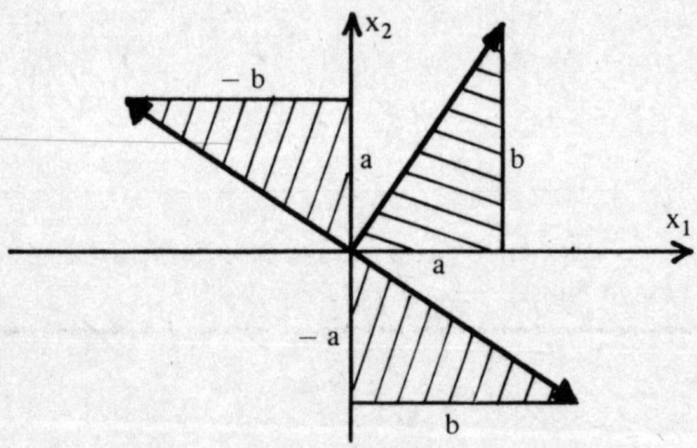

Die schraffierten Dreiecke gehen durch 90°-Drehungen auseinander hervor.

$\begin{pmatrix} b \\ -a \end{pmatrix} \cdot \begin{pmatrix} a \\ b \end{pmatrix} = 0, \quad \begin{pmatrix} -b \\ a \end{pmatrix} \cdot \begin{pmatrix} a \\ b \end{pmatrix} = 0.$

F 7 $\begin{pmatrix} 0 \\ k \end{pmatrix}$ für beliebige k.

F 8 $|\vec{a}| = 13, \quad |\vec{b}| = 16{,}55, \quad |\vec{c}| = \sqrt{85} = 9{,}22.$

F 9 $\vec{a}^0 = \begin{pmatrix} 0{,}923 \\ 0{,}385 \end{pmatrix}, \quad \vec{b}^0 = \begin{pmatrix} 0{,}659 \\ -0{,}753 \end{pmatrix}, \quad \vec{c}^0 = \vec{c}$ ist bereits Einheitsvektor.

F 10 $\vec{a}\vec{b} = -51$, $ab = \sqrt{74} \cdot \sqrt{45} = 57{,}7$, $\vec{c}\vec{d} = -50$, $cd = 50$.

F 11 $\vec{a}$ und $\vec{c}$ sind kollinear, da $\vec{c} = -\frac{3}{2}\vec{a}$ ist.

F 12 $\vec{a} = \sqrt{74} \cdot \begin{pmatrix} -0{,}814 \\ 0{,}581 \end{pmatrix}$, $\vec{b} = \sqrt{26{,}64} \cdot \begin{pmatrix} -0{,}814 \\ 0{,}581 \end{pmatrix}$,

$\vec{c} = \sqrt{11{,}84} \begin{pmatrix} 0{,}814 \\ -0{,}581 \end{pmatrix}$.

F 13 $\vec{a}\vec{b} = 96 + 54 = 150$, $ab = 10 \cdot 15 = 150$.

F 14 $\vec{a}\vec{b} = a\vec{a}^0 \cdot b(-\vec{a}^0) = ab \cdot (-1) = -ab$.

F 15 Wegen $\sqrt{20} = \sqrt{4 \cdot 5} = 2 \cdot \sqrt{5}$ ist $\vec{b} = -2\vec{a}$. $\vec{a}$ und $\vec{b}$ sind also kollinear und entgegengesetzt gerichtet. Es wird $\vec{a}\vec{b} = -\sqrt{100} - 8 = -18$ und $ab = \sqrt{9} \cdot \sqrt{36} = 18$.

Übungen zu Programm F

1 a) 12, b) 0, c) $\sqrt{2} - 3 = -1{,}59$.

2 a) $2 \cdot \begin{pmatrix} 1 \\ 3 \end{pmatrix} = \begin{pmatrix} 2 \\ 6 \end{pmatrix}$, b $\left(\begin{pmatrix} 3 \\ 4 \end{pmatrix} \cdot (2\sqrt{3} - 1) = \begin{pmatrix} 7{,}39 \\ 9{,}86 \end{pmatrix}\right.$.

3 Aus $3 + 2x_2 = 0$ folgt $x_2 = -1{,}5$.

4 z.B. a) $\begin{pmatrix} -3 \\ 2 \end{pmatrix}$, b) $\begin{pmatrix} 3 \\ 1 \end{pmatrix}$, c) $\begin{pmatrix} -1 \\ 1 \end{pmatrix}$, d) $\begin{pmatrix} 1 \\ 0 \end{pmatrix}$, e) $\begin{pmatrix} \sqrt{3} \\ 2 \end{pmatrix}$.

5 $a = \sqrt{20} = 4{,}47$, $b = 6$, $c = \sqrt{15} = 3{,}87$, $d = \sqrt{7} = 2{,}65$.

6 $\vec{a}^0 = \begin{pmatrix} 0{,}6 \\ -0{,}8 \end{pmatrix}$, $\vec{b}^0 = \begin{pmatrix} -0{,}832 \\ 0{,}555 \end{pmatrix}$, $\vec{c}^0 = \begin{pmatrix} -0{,}75 \\ 0{,}661 \end{pmatrix}$, $\vec{d}^0 = \begin{pmatrix} 0{,}577 \\ 0{,}816 \end{pmatrix}$.

7 Aus $\vec{a}\vec{b} = ab$ folgt, daß $\vec{a}$ und $\vec{b}$ kollinear sein müssen. Das geht mit $\vec{b} = \frac{5}{2}\vec{a}$. Also wird $a_2 = -6 : \frac{5}{2} = -2{,}4$.

8 $\vec{a}$ und $\vec{b}$ müssen kollinear und entgegengesetzt gerichtet sein. Das geht mit $\vec{b} = -\frac{4}{7}\vec{a}$, also $b_1 = -\frac{4}{7} \cdot 3 = -1{,}714$.

Test II

Aufgabe D

$\vec{x} = \begin{pmatrix} -5 \\ 0 \end{pmatrix}$.

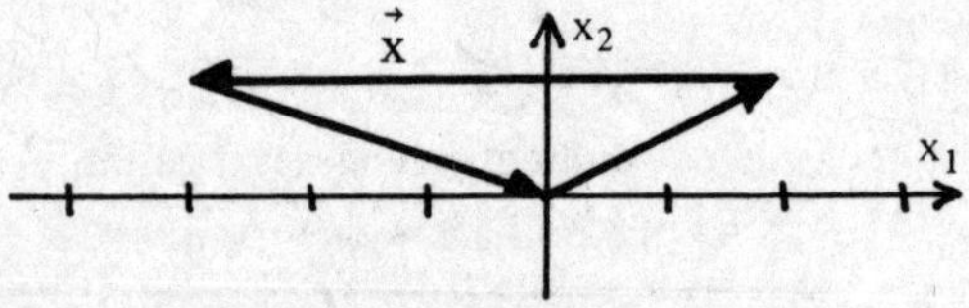

Aufgabe E

$$\vec{x} = \begin{pmatrix} -\frac{4}{3} \\ -\frac{7}{3} \end{pmatrix}.$$

Aufgabe F

a) $a = 13, \quad b = \sqrt{65} = 8{,}06$.

b) Nein.

c) Aus $\vec{c} = -\frac{9}{5}\vec{a}$ folgt $c_2 = -21{,}6$.

Programm G

G 1 $\overrightarrow{OP}^0 = \begin{pmatrix} \cos\varphi \\ \sin\varphi \end{pmatrix}$.

G 2 a) 0, b) 0, c) – 1, d) 0.

G 3 Er ist positiv für $0° < \varphi < 90°$ und $180° < \varphi < 270°$, negativ für $90° < \varphi < 180°$ und $270° < \varphi < 360°$.

G 4 $r = \sqrt{34} = 5{,}83$, also $\sin\varphi = 0{,}857$, $\cos\varphi = -0{,}514$.

G 5 Die Tippfolge 215 [SIN] liefert z.B. – 0,574.

G 6 $\sin(180° + \varphi) = -\sin\varphi$: $\sin(360° - \varphi) = -\sin\varphi$:

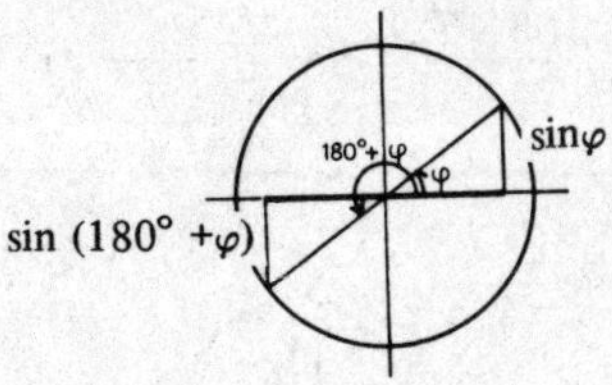

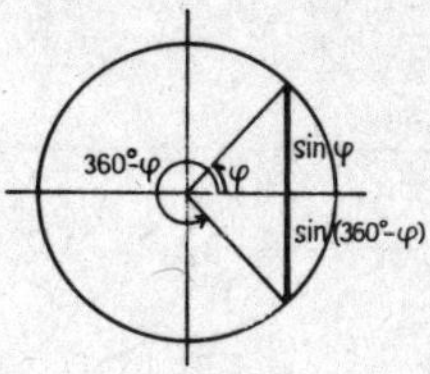

G 7 $A = \dfrac{b \cdot c}{2} \sin\alpha = 2{,}1 \cdot 3{,}5 \cdot 0{,}1392 = 1{,}023$.

G 8 $\sin 570° = \sin(570° - 360°) = \sin 210° = -0{,}5$.

G 9 a) – 0,1736 ; b) – 0,9848 ; c) 0,9848.

G 10

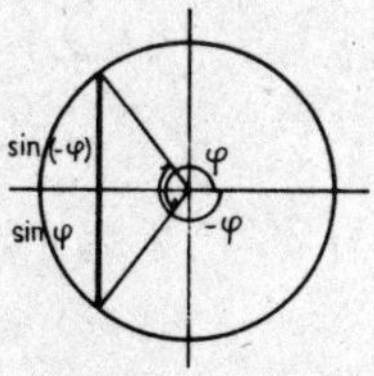

G 11

φ	$-150°$	$-120°$	$-60°$	$-30°$	$30°$	$60°$	$120°$	$150°$
$\sin\varphi$	$-0{,}5000$	$-0{,}8660$	$-0{,}8660$	$-0{,}5000$	$0{,}5000$	$0{,}8660$	$0{,}8660$	$0{,}5000$

φ	$210°$	$240°$	$300°$	$330°$	$390°$	$420°$	$480°$	$510°$
$\sin\varphi$	$-0{,}5000$	$-0{,}8660$	$-0{,}8660$	$-0{,}5000$	$0{,}5000$	$0{,}8660$	$0{,}8660$	$0{,}5000$

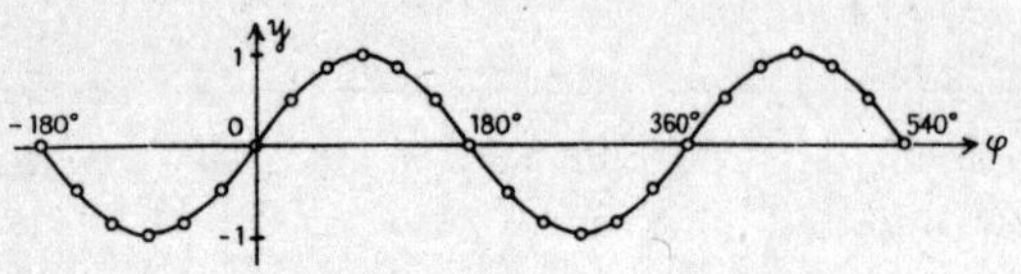

G 12 $\varphi_1 = 30° + k \cdot 360°\ ;\quad k \in \mathbb{Z}.\qquad \varphi_2 = 150° + k \cdot 360°\ ;\quad k \in \mathbb{Z}.$

G 13 $\varphi_1 = 11{,}54°,\ \varphi_2 = 180° - \varphi_1 = 168{,}46°.$

G 14 a) Abgelesen: $\varphi_1 = 316°$, $\varphi_2 = 224°$.

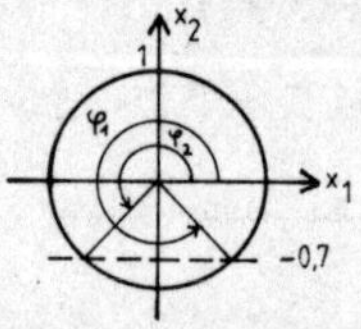

b) .7 [+/−] [INV] [SIN] liefert $-44{,}4°$. Das liegt außerhalb der ersten vier Quadranten. Der um eine Periodenlänge 360° größere Winkel 315,6° ist φ_1 . $\varphi_2 = 224{,}4°$ erhalten Sie mit der Tippfolge von G 14 aus $-44{,}4°$;

G 15 a) $L = \{56{,}10° + k \cdot 360°\ ;\ 123{,}90° + k \cdot 360° \mid k \in \mathbb{Z}\}$;

b) $L = \{90° + k \cdot 360° \mid k \in \mathbb{Z}\}$;

c) $L = \{0° + k \cdot 360°\ ;\ 180° + k \cdot 360° \mid k \in \mathbb{Z}\}$
$= \{k \cdot 180° \mid k \in \mathbb{Z}\}$.

Übungen zu Programm G

1 a) $\varphi_1 = 90°$; $\varphi_2 = 450°$; $\varphi_3 = 810°$.
b) $\varphi_1 = 270°$; $\varphi_2 = 630°$; $\varphi_3 = 990°$.
c) $\varphi_1 = 180°$; $\varphi_2 = 360°$; $\varphi_3 = 540°$.

---

2 a) $\sin 112° = 0{,}9272$; b) $\sin 178° = 0{,}03490$.

---

3 a) $\sin 280° = -0{,}9848$; b) $\sin 340° = -0{,}3420$;
c) $\sin(-45°) = -0{,}7071$; d) $\sin(-112°) = -0{,}9272$.

---

4 a) $20° = 740° - 2 \cdot 360°$; b) $-80° = 1000° - 3 \cdot 360°$;
c) $120° = 3000° - 8 \cdot 360°$.

---

5 a) $\sin 1200° = \sin 120° = 0{,}8660$; b) $\sin 12000° = 0{,}8660$.

6

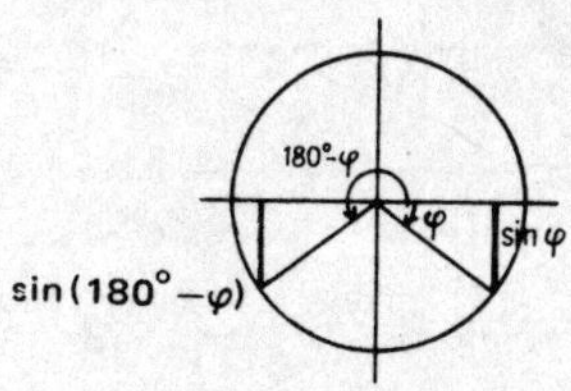

Hier ist $180° - \varphi = 180° + |\varphi|$.

---

7 a)

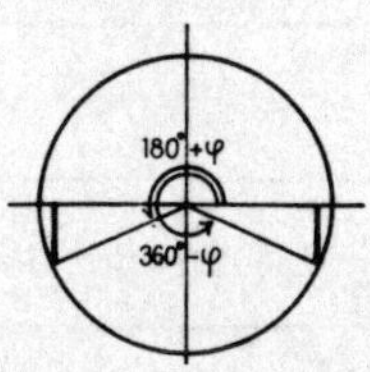

$\left.\begin{array}{l}\sin(180° + \varphi) = -\sin\varphi \\ \sin(360° - \varphi) = -\sin\varphi\end{array}\right\}$ gleich.

b)

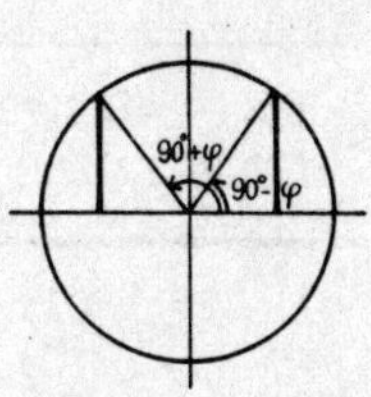

$\sin(90° - \varphi) = \sin(90° + \varphi)$.

c) $\left.\begin{array}{l}\sin(360° + \varphi) = \sin\varphi \\ \sin(360° - \varphi) = \sin(-\varphi) = -\sin\varphi\end{array}\right\}$ nicht gleich.

a) und b) sind für alle φ richtig, c) nicht.

---

8 a) $\varphi_1 = 17{,}5° + k \cdot 360°$; $k \in \mathbb{Z}$. $\varphi_2 = 162{,}5° + k \cdot 360°$; $k \in \mathbb{Z}$.
b) $\varphi_1 = 233{,}1° + k \cdot 360°$; $k \in \mathbb{Z}$.
$\varphi_2 = 306{,}9° + k \cdot 360°$; $k \in \mathbb{Z}$.

Programm H

H 1 Tippfolge: 100 [COS] .

H 2 Tippfolge: 230 [COS] .

H 3

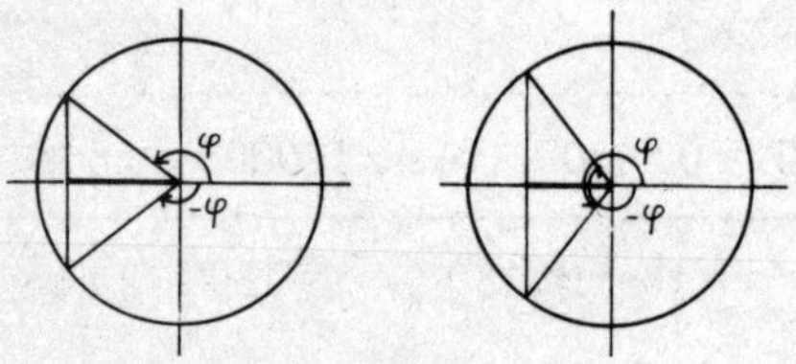

$\cos\varphi = \cos(-\varphi)$.

H 4

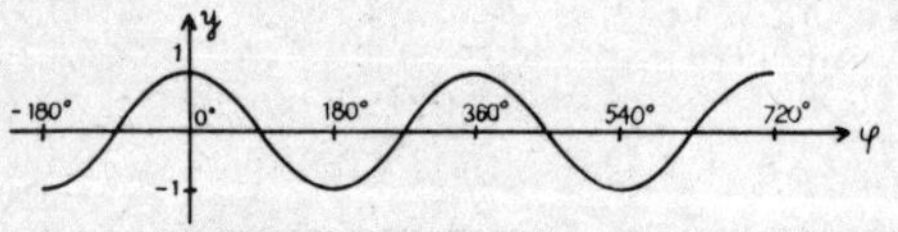

$y = \cos\varphi$.

H 5 $\varphi_1 = 134{,}4°$, $\varphi_2 = 225{,}6°$.

H 6 $\varphi_1 = 101{,}5° + k \cdot 360°$; $k \in \mathbb{Z}$. $\varphi_2 = 258{,}5° + k \cdot 360°$; $k \in \mathbb{Z}$.

H 7 Um 270°.

H 8 $\sin 130° = \sin(180° - 130°) = \sin 50°$; $\cos(-40°) = \cos 40°$;
$\sin 50° = \cos(90° - 50°) = \cos 40°$.

Übungen zu Programm H

1 – 0,9903 ; b) 0,9659 ; c) 0,2588 ; d) – 0,5299.

2 a) $\varphi = 90° + k \cdot 180°$; $k \in \mathbb{Z}$.

b) $\varphi_1 = 77{,}9° + k \cdot 360°$; $k \in \mathbb{Z}$.
$\varphi_2 = 282{,}1° + k \cdot 360°$; $k \in \mathbb{Z}$.

c) $\varphi_1 = 136{,}1° + k \cdot 360°$; $k \in \mathbb{Z}$.
$\varphi_2 = 223{,}9° + k \cdot 360°$; $k \in \mathbb{Z}$.

---

3 Der Cosinus eines Winkels ist eine Zahl zwischen – 1 und 1.

---

4 a) 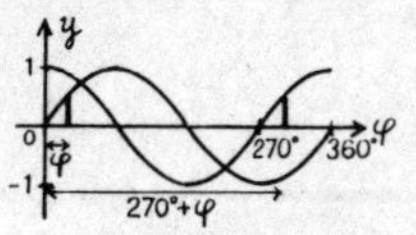

$\cos(270° + \varphi) = \cos(\varphi - 90°) =$
$\cos(90° - \varphi) = \sin\varphi$.

Die Aussageform ist für alle φ richtig.

b) 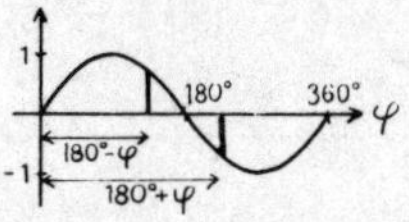

Die Aussageform ist nicht für alle φ erfüllt.

---

5 $\varphi = 45° + k \cdot 180°$; $k \in \mathbb{Z}$. (Zeichnung siehe Figur 4a).

Programm I

I 1 $\varphi = 90° + k \cdot 180°$; $k \in \mathbb{Z}$.

I 2 a) – ; b) + .

I 3 $\tan(180° - \varphi) = \dfrac{\sin(180° - \varphi)}{\cos(180° - \varphi)} = \dfrac{\sin\varphi}{-\cos\varphi} = -\tan\varphi$.

I 4 Tippfolge: 20 [+/–] [TAN] ; Ergebnis: –0,364.

I 5

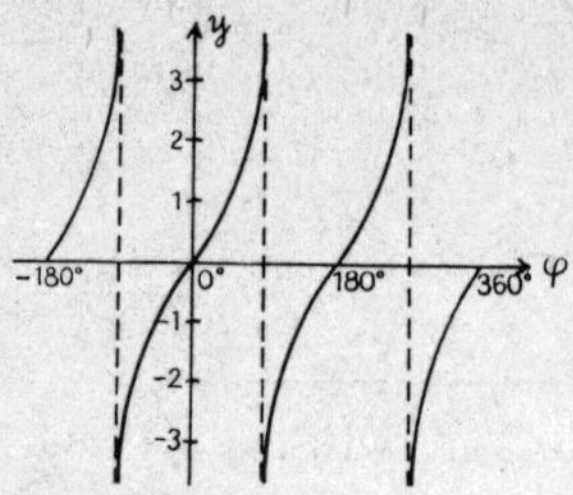

I 6 a) $\varphi = 63{,}4° + k \cdot 180°$; $k \in \mathbb{Z}$.
b) $\varphi = 135° + k \cdot 180°$; $k \in \mathbb{Z}$.

Übungen zu Programm I

1 a) 0,7002, b) 1,732.

2 a) –45° , b) 60° .

3 a) $\varphi = 166{,}5° + k \cdot 180°$, $k \in \mathbb{Z}$.
b) $\varphi = 50{,}89° + k \cdot 180°$, $k \in \mathbb{Z}$.

4 a)

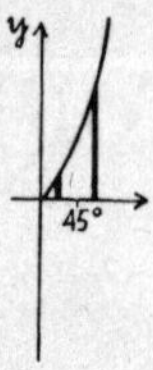

$\tan(45° + \varphi) = \tan(45° - \varphi)$ ist falsch.

b)

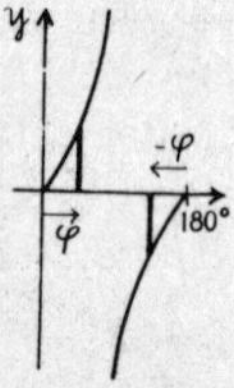

$\tan(90° + \varphi) = \tan(90° - \varphi)$ ist falsch.

c)

$\tan\varphi = -\tan(180° - \varphi)$ ist richtig.

Programm J

J 1 $\cos\varphi = \pm\sqrt{1-\sin^2\varphi}$.

J 2 $\sin\varphi = -\sqrt{1-\frac{3}{16}} = -0{,}9014$.

J 3 $|\tan\varphi| = \dfrac{|\sin\varphi|}{\sqrt{1-\sin^2\varphi}} = \dfrac{\frac{1}{4}}{\sqrt{1-\frac{1}{16}}} = 0{,}2582$; $\tan\varphi = -0{,}2582$.

J 4 $\tan\varphi = +\dfrac{\sqrt{1-\frac{2}{4}}}{\frac{\sqrt{2}}{2}} = 1$.

J 5 $\cos\varphi = -\dfrac{1}{\sqrt{1+0{,}75^2}} = -0{,}8$.

J 6 $\sin\varphi = -\dfrac{0{,}4}{\sqrt{1+0{,}4^2}} = -0{,}3714$, $\cos\varphi = \dfrac{1}{\sqrt{1+0{,}4^2}} = 0{,}9285$.

J 7 Gegenkathete = 4, Ankathete = 7, also Hypotenuse = $\sqrt{65}$.

$\sin\varphi = \dfrac{4}{\sqrt{65}} = 0{,}4961$, $\cos\varphi = \dfrac{7}{\sqrt{65}} = 0{,}8682$.

J 8 Gegenkathete = 1, Hypotenuse = $\sqrt{17}$, also Ankathete = 4.

$\cos\varphi = -\dfrac{4}{\sqrt{17}} = -0{,}9701$, $\tan\varphi = -\dfrac{1}{4} = -0{,}25$.

Übungen zu Programm J

1 Wegen $\sin^2\alpha + \cos^2\beta = 0{,}5^2 + 0{,}5^2 = 0{,}5 \neq 1$ können α und β nicht gleich sein.

---

2 $0{,}6 = \frac{3}{5}$, also Gegenkathete = 3, Hypotenuse = 5 und damit Ankathete = 4. $\cos\varphi = -\frac{4}{5} = -0{,}8$, $\tan\varphi = -\frac{3}{4} = -0{,}75$.

---

3 Gegenkathete = 1, Ankathete = 2, Hypotenuse = $\sqrt{5}$.

$\sin\varphi = -\frac{1}{\sqrt{5}}$, $\cos\varphi = \frac{2}{\sqrt{5}}$.

---

4 $\sin^2\alpha + \cos^2\alpha = \left(\frac{g}{h}\right)^2 + \left(\frac{a}{h}\right)^2 = \frac{g^2 + a^2}{h^2} = \frac{h^2}{h^2} = 1.$

---

5 $2{,}4 = \frac{12}{5}$, also Gegenkathete = 12, Ankathete = 5, Hypotenuse = 13. $\sin\varphi = \frac{12}{13}$, $\cos\varphi = \frac{5}{13}$.

---

6 $0{,}8 = \frac{4}{5}$, also Gegenkathete = 4, Hypotenuse = 5, Ankathete = 3.

$\cos\varphi = -0{,}6$, $\tan\varphi = \frac{4}{3} = 1{,}333$.

Test III

Aufgabe G

$\varphi_1 = 233{,}1° + k \cdot 360°$; $k \in \mathbb{Z}$.
$\varphi_2 = 306{,}9° + k \cdot 360°$; $k \in \mathbb{Z}$.

Aufgabe H

a) $\cos 120° = -\cos(180° - 120°) = -\cos 60° = -0{,}5000$

b)

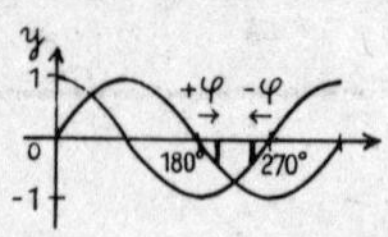

Die Gleichung ist für alle φ erfüllt.

Aufgabe I

$\tan\varphi = -2{,}34$ hat zwischen $-180°$ und $+180°$ die Lösungen $\varphi_1 = -66{,}9°$ und $\varphi_2 = 113{,}1°$. Nur für φ_1 gilt $\sin\varphi < 0$.

Aufgabe J
Rechtwinkliges Dreieck mit Ankathete = 8, Hypotenuse = 15, Gegenkathete = $\sqrt{161}$.
$\sin\varphi = -\frac{1}{15}\sqrt{161}$, $\tan\varphi = \frac{1}{8}\sqrt{161}$.

Programm K

K 1 a) $b_{\|} = b$, $b_{\perp} = 0$; b) $b_{\|} = 0$, $b_{\perp} = b$; c) wie a).

K 2 a) Für $0° \leqslant \varphi < 90°$ sind $\vec{a}$ und $\vec{b}_{\|}$ gleichgerichtet, also $\vec{a} \cdot \vec{b} = a\,b_{\|}$.
Mit $b_{\|} = b \cdot \cos\varphi$ folgt $\vec{a} \cdot \vec{b} = ab \cdot \cos\varphi$.
Für $\varphi = 90°$ ergibt sich wegen $\cos 90° = 0$ $\vec{a} \cdot \vec{b} = 0$.

b) $\vec{a} \cdot \vec{b} > 0$ für $0 \leqslant \varphi < 90°$,
$\vec{a} \cdot \vec{b} = 0$ für $\varphi = 90°$,
$\vec{a} \cdot \vec{b} < 0$ für $90° < \varphi \leqslant 180°$.

K 3 $\cos\varphi = \dfrac{-28 + 15}{5 \cdot \sqrt{74}}$, $\varphi = 107{,}6°$.

K 4 $\vec{AB} = \begin{pmatrix} 3 \\ -4 \end{pmatrix}$, $\vec{BC} = \begin{pmatrix} 7 \\ 1 \end{pmatrix}$, $\vec{CD} = \begin{pmatrix} -2 \\ 6 \end{pmatrix}$, $\vec{DA} = \begin{pmatrix} -8 \\ -3 \end{pmatrix}$,

$\vec{AC} = \begin{pmatrix} 10 \\ -3 \end{pmatrix}$, $\vec{BD} = \begin{pmatrix} 5 \\ 7 \end{pmatrix}$.

$\cos\alpha = \dfrac{24-12}{5 \cdot \sqrt{73}}$, $\alpha = 73{,}7°$; $\cos\beta = \dfrac{-21 + 4}{5 \cdot \sqrt{50}}$, $\beta = 118{,}7°$;

$\cos\gamma = \dfrac{14-6}{\sqrt{50} \cdot \sqrt{40}}$, $\gamma = 79{,}7°$; $\cos\delta = \dfrac{-16 + 18}{\sqrt{40} \cdot \sqrt{73}}$, $\delta = 87{,}9°$.

Schnittwinkel der Diagonalen: $\cos\epsilon = |\vec{AC}^{\circ} \cdot \vec{BD}^{\circ}|$, $\epsilon = 71{,}2°$.

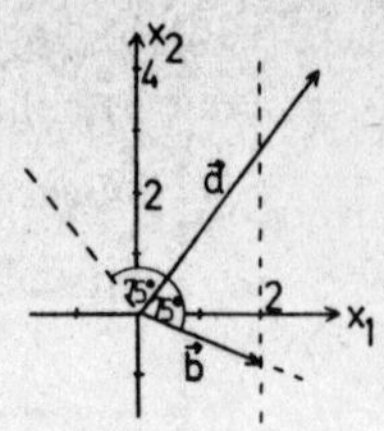

K 5 $6 + 4b_2 = 5\sqrt{4 + b_2^2} \cdot \cos 75°$ | hoch 2,

$36 + 48\, b_2 + 16\, b_2^2 = (100 + 25\, b_2^2) \cdot \cos^2 75°$,

$14{,}3\, b_2^2 + 48\, b_2 + 29{,}3 = 0$,

$b_2 = -2{,}55$ entfällt, da Probe in Ausgangsgleichung nicht erfüllt,
$b_2 = -0{,}802$ ist Lösung.

K 6 Die senkrechte Projektion von $\vec{c}$ auf die Richtung von $\vec{a}$ ist $-\vec{a}$.
Also $\vec{a} \cdot \vec{c} = -\vec{a}^2$.

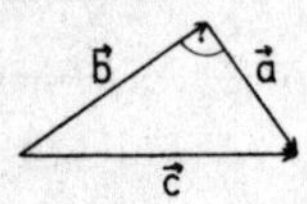

K 7 Vor.: $\vec{a} \cdot \vec{b} = 0$, Beh.: $\vec{a}^2 + \vec{b}^2 = \vec{c}^2$,
Bew.: $\vec{a} + \vec{b} = \vec{c}$ | hoch 2,
$\vec{a}^2 + 2\vec{a} \cdot \vec{b} + \vec{b}^2 = \vec{c}^2$. Mit der Vor. folgt $\vec{a}^2 + \vec{b}^2 = \vec{c}^2$.

K 8 Vor.: $\vec{a} \cdot \vec{b} = 0$ und $\vec{b} \cdot \vec{h} = \vec{a} \cdot \vec{h} = \vec{h}^2$ (oder $\vec{c} \cdot \vec{h} = \vec{p} \cdot \vec{h} = \vec{q} \cdot \vec{h} = 0$),
Beh.: $pc = a^2$ oder in Vektoren $\vec{p} \cdot \vec{c} = \vec{a}^2$,
Bew.: $\vec{p} \cdot \vec{c} = (\vec{a} - \vec{h}) \cdot (\vec{a} - \vec{b})$

$$= \vec{a}^2 - \vec{a} \cdot \vec{b} - \vec{a} \cdot \vec{h} + \vec{b} \cdot \vec{h}$$
$$= \vec{a}^2 - 0 - \vec{h}^2 + \vec{h}^2$$
$$= \vec{a}^2 \text{, wzbw.}$$

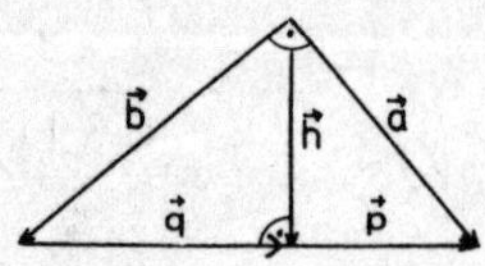

K 9 $b^2 = a^2 + c^2 - 2ac \cdot \cos\beta$; $c^2 = a^2 + b^2 - 2ab \cdot \cos\gamma$.

K 10 $\vec{a} = 7 \cdot \vec{a}^\circ = 7 \cdot \begin{pmatrix} \cos 215° \\ \sin 215° \end{pmatrix} = \begin{pmatrix} -5{,}73 \\ -4{,}02 \end{pmatrix}$.

K 11 $\cos 15° = \cos(45° - 30°) = \cos 45° \cos 30° + \sin 45° \sin 30°$

$$= \frac{1}{2}\sqrt{2} \cdot \frac{1}{2}\sqrt{3} + \frac{1}{2}\sqrt{2} \cdot \frac{1}{2} = \frac{1}{4}(\sqrt{6} + \sqrt{2});$$

$\cos 75° = \cos(45° - (-30°)) = \frac{1}{4}(\sqrt{6} - \sqrt{2})$.

Übungen zu Programm K

1 a) $\varphi = 91{,}04°$, $\vec{a}° = \begin{pmatrix} 0{,}848 \\ -0{,}530 \end{pmatrix}$, $\vec{b}° = \begin{pmatrix} 0{,}514 \\ 0{,}857 \end{pmatrix}$, $\alpha = -32{,}0°$,

$\beta = 59{,}0°$.

b) $\varphi = 180°$, $\vec{a}° = \begin{pmatrix} 0{,}8 \\ -0{,}6 \end{pmatrix}$, $\vec{b}° = \begin{pmatrix} -0{,}8 \\ 0{,}6 \end{pmatrix}$, $\alpha = -36{,}9°$, $\beta = 143{,}1°$.

---

2 $\sphericalangle AOB = 141{,}2°$, $\sphericalangle OAB = 19{,}8°$, $\sphericalangle OBA = 19{,}0°$.

---

3 $\vec{AB} = \begin{pmatrix} 5 \\ 2 \end{pmatrix}$, $\vec{BC} = \begin{pmatrix} 3 \\ 10 \end{pmatrix}$, $\vec{CD} = \begin{pmatrix} -12 \\ -4 \end{pmatrix}$, $\vec{DA} = \begin{pmatrix} 4 \\ -8 \end{pmatrix}$,

$\vec{AC} = \begin{pmatrix} 8 \\ 12 \end{pmatrix}$, $\vec{BD} = \begin{pmatrix} -9 \\ 6 \end{pmatrix}$.

$\alpha = 94{,}8°$, $\beta = 128{,}5°$, $\gamma = 54{,}9°$, $\delta = 81{,}9°$.

$\vec{AC} \cdot \vec{BD} = -72 + 72 = 0$, also $\vec{AC} \perp \vec{BD}$.

---

4 Arbeit $W = \vec{F} \cdot \vec{s} = F\, s \cos\varphi = 12 \cdot 45 \cdot \cos 8°\ \text{Nm} = 535\ \text{Nm}$.

---

5 Vor.: $\vec{a} \cdot \vec{b} = \vec{h} \cdot \vec{p} = \vec{h} \cdot \vec{q} = 0$, Beh.: $\vec{h}^2 = \vec{p} \cdot \vec{q}$

Bew.: $\vec{a} \cdot \vec{b} = (\vec{h} + \vec{p}) \cdot (\vec{h} - \vec{q}) = 0$,

$\vec{h}^2 - \vec{h} \cdot \vec{q} + \vec{h} \cdot \vec{p} - \vec{p} \cdot \vec{q} = 0$,

$\vec{h}^2 = \vec{p} \cdot \vec{q}$, wzbw.

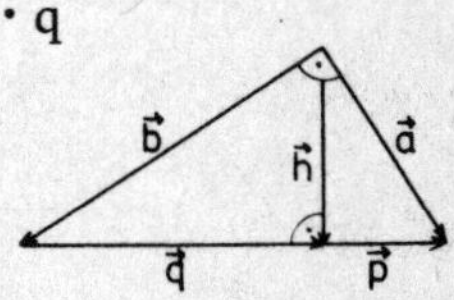

---

6 a) Vor.: $\vec{a} = \vec{c}$, $\vec{b} = \vec{d}$, $\vec{a}^2 = \vec{b}^2$,

Beh.: $\vec{AC} \cdot \vec{BD} = 0$,

Bew.: $\vec{AC} \cdot \vec{BD} = (\vec{a} + \vec{b})(\vec{d} - \vec{a})$

$= (\vec{a} + \vec{b})(\vec{b} - \vec{a}) = \vec{b}^2 - \vec{a}^2 = 0$, wzbw.

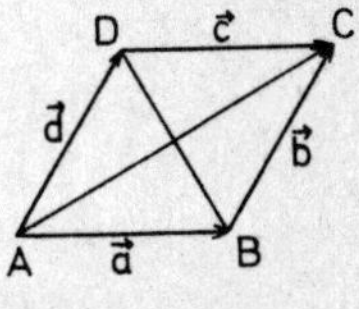

b) Vor.: $\vec{a}^2 = \vec{b}^2 = \vec{c}^2 = \vec{d}^2$,

Beh.: $\overrightarrow{AC} \cdot \overrightarrow{DB} = 0$

Bew.: $\overrightarrow{AC} \cdot \overrightarrow{DB} = (\vec{a} + \vec{b})\ (\vec{a} - \vec{d}) =$

$= \vec{a}^2 - \vec{a} \cdot \vec{d} + \vec{a} \cdot \vec{b} - \vec{b} \cdot \vec{d}$.

Um $\vec{a} \cdot \vec{b}$ durch einen anderen Ausdruck zu ersetzen, wird $\vec{a} + \vec{b} = \vec{c} + \vec{d}$ quadriert:

$\vec{a}^2 + 2\vec{a} \cdot \vec{b} + \vec{b}^2 = \vec{c}^2 + 2\vec{c} \cdot \vec{d} + \vec{d}^2$, $\vec{a} \cdot \vec{b} = \vec{c} \cdot \vec{d}$.

Damit ist

$\overrightarrow{AC} \cdot \overrightarrow{DB} = \vec{a}^2 - \vec{a} \cdot \vec{d} + \vec{c} \cdot \vec{d} - \vec{b} \cdot \vec{d} = \vec{a}^2 - (\vec{a} + \vec{b} - \vec{c}) \cdot \vec{d}$

$= \vec{a}^2 - \vec{d}^2 = 0$, wzbw.

---

7 1. Zu zeigen ist: Aus $\overrightarrow{AC} \cdot \overrightarrow{BD} = 0$ folgt $\vec{a} \cdot \vec{c} - \vec{b} \cdot \vec{d} = 0$.

Bew.: $\overrightarrow{AC} \cdot \overrightarrow{BD} = (\vec{a} + \vec{b})\ (\vec{b} + \vec{c})$

$= \vec{a} \cdot \vec{b} + \vec{a} \cdot \vec{c} + \vec{b}^2 + \vec{b} \cdot \vec{c}$

$= \vec{a} \cdot \vec{c} + \vec{b} \cdot (\vec{a} + \vec{b} + \vec{c})$

$= \vec{a} \cdot \vec{c} - \vec{b} \cdot \vec{d} = 0$

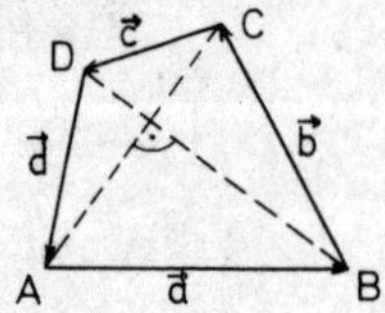

2. Zu zeigen ist: Aus $\vec{a} \cdot \vec{c} - \vec{b} \cdot \vec{d} = 0$ folgt $\overrightarrow{AC} \cdot \overrightarrow{BD} = 0$.

Die Schritte im ersten Teil lassen sich alle umkehren.

---

8 Winkel zwischen $\vec{a}$ und $\vec{a}^\circ + \vec{b}^\circ$: $\cos \varphi_1 = \dfrac{\vec{a}^\circ \cdot (\vec{a}^\circ + \vec{b}^\circ)}{|\vec{a}^\circ + \vec{b}^\circ|} = \dfrac{1 + \vec{a}^\circ \cdot \vec{b}^\circ}{|\vec{a}^\circ + \vec{b}^\circ|}$,

Winkel zwischen $\vec{b}$ und $\vec{a}^\circ + \vec{b}^\circ$: $\cos \varphi_2 = \dfrac{\vec{b}^\circ \cdot (\vec{a}^\circ + \vec{b}^\circ)}{|\vec{a}^\circ + \vec{b}^\circ|} = \dfrac{\vec{a}^\circ \cdot \vec{b}^\circ + 1}{|\vec{a}^\circ + \vec{b}^\circ|}$.

Da φ_1 und φ_2 zwischen 0° und 180° liegen, folgt aus $\cos \varphi_1 = \cos \varphi_2$, daß $\varphi_1 = \varphi_2$ ist.

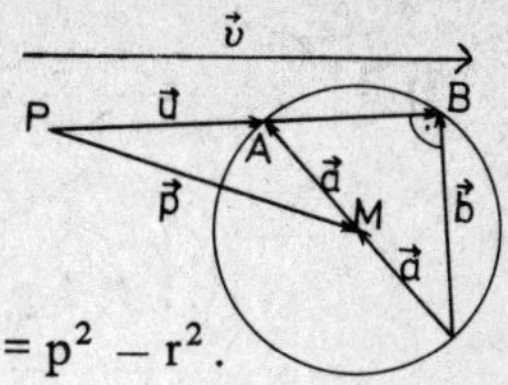

9 $uv = \vec{u} \cdot \vec{v} = \vec{u} \cdot (\vec{p} - \vec{a} + \vec{b})$

$= \vec{u} \cdot (\vec{p} - \vec{a}) + \vec{u} \cdot \vec{b}$.

$\vec{u}$ und $\vec{b}$ stehen senkrecht aufeinander, also ist

$\vec{u}\,\vec{v} = \vec{u} \cdot (\vec{p} - \vec{a}) = (\vec{p} + \vec{a}) \cdot (\vec{p} - \vec{a}) = \vec{p}^2 - \vec{a}^2 = p^2 - r^2$.

Dies gilt für alle Sekanten durch P.

Programm L

L 1 Aus $\frac{a}{\sin\alpha} = \frac{b}{\sin\beta}$ folgt $a \sin\beta = b \sin\alpha$; ebenso $a \sin\gamma = c \sin\alpha$;

$b \sin\gamma = c \sin\beta$.

L 2 $\gamma = 180° - (12{,}5° + 43{,}1°) = 124{,}4°$;

$\frac{a}{\sin\alpha} = \frac{b}{\sin\beta} = \frac{c}{\sin\gamma}$;

$b = \frac{c \sin\beta}{\sin\gamma} = \frac{24{,}3 \cdot \sin 43{,}1°}{\sin 124{,}4°} = 20{,}1$; $a = \frac{c \sin\alpha}{\sin\gamma} = 6{,}37$.

L 3 $\gamma_2 = 180° - (131° + 46°) = 3°$; $c_2 = \frac{4{,}1 \cdot \sin\gamma_2}{\sin\beta} = 0{,}298$.

L 4 $\frac{\sin\gamma}{c} = \frac{\sin\alpha}{a}$; $\sin\gamma = \frac{c \cdot \sin\alpha}{a} = 0{,}713$; $\gamma_1 = 45{,}5°$; $\gamma_2 = 134{,}5°$.

Da α der größeren Seite gegenüberliegt, muß $\gamma < \alpha$ sein. γ_2 scheidet also aus.

$\beta = 180° - (54° + 45{,}5°) = 80{,}5°$; $b = \frac{c \cdot \sin\beta}{\sin\gamma} = 5{,}12$.

L 5 $c^2 = a^2 + b^2 - 2\,ab \cos\gamma = 4{,}2^2 + 3{,}2^2 - 2 \cdot 4{,}2 \cdot 3{,}2 \cdot \cos 128°$;

$c = 6{,}67$.

L 6 $\sin\beta = \frac{b \sin\alpha}{a} = 0{,}703$;

$\beta = 44{,}7°$ (Der Winkel $\beta_2 = 180° - 44{,}7°$ scheidet aus, da $b < c$ ist.)

$\gamma = 180° - 25° - 44{,}7° = 110{,}3°$.

L 7 $c^2 = a^2 + b^2 - 2\,ab\cos\gamma$;

$\cos\gamma = \frac{a^2 + b^2 - c^2}{2\,ab} = \frac{2{,}5^2 + 3{,}2^2 - 5{,}2^2}{2 \cdot 2{,}5 \cdot 3{,}2} = -0{,}659$; $\gamma = 131{,}3°$.

L 8

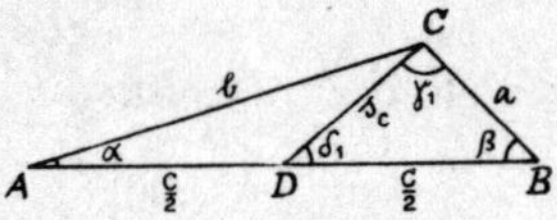

$\sin\delta_1 = \frac{a \sin\beta}{s_c}$; $\delta_1 = 40{,}3°$; $\gamma_1 = 92{,}7°$.

$\frac{c}{2 \cdot \sin\gamma_1} = \frac{s_c}{\sin\beta}$; $c = \frac{2 \cdot s_c \cdot \sin\gamma_1}{\sin\beta} = 14{,}2$.

$b^2 = a^2 + c^2 - 2\,ac\cos\beta$; $b = 11{,}6$.

$\sin\alpha = \frac{a \cdot \sin\beta}{b}$; $\alpha = 16{,}9°$; $\gamma = 116{,}1°$.

L 9 $\beta = 180° - \delta_2 - \frac{\gamma}{2}$; y ergibt sich aus $\frac{y}{\sin\frac{\gamma}{2}} = \frac{w\gamma}{\sin\beta}$.

$c = x + y$; a ergibt sich aus $\frac{a}{\sin\delta_2} = \frac{y}{\sin\frac{\gamma}{2}}$.

L 10 $\frac{y}{a} = \frac{\sin\frac{\gamma}{2}}{\sin(180° - \delta_1)} = \frac{\sin\frac{\gamma}{2}}{\sin\delta_1} = \frac{x}{b}$;

$\frac{x}{b} = \frac{y}{a}$ oder $x : y = b : a$, w.z.b.w.

L 11 $b^2 = \left(\frac{e}{2}\right)^2 + \left(\frac{f}{2}\right)^2 - 2 \cdot \frac{e}{2} \cdot \frac{f}{2} \cdot \cos(180° - \epsilon)$, $b = 3{,}06$.

$$\cos\beta = \frac{a^2 + b^2 - e^2}{2\,a \cdot b} = \frac{2{,}91^2 + 3{,}06^2 - 4{,}6^2}{2 \cdot 2{,}91 \cdot 3{,}06};$$

$\beta = 100{,}9°$; $\alpha = 180° - \beta = 79{,}1°$.

L 12 $e^2 = a^2 + d^2 - 2\,ad\cos(180° - \alpha) =$
$= 2{,}5^2 + 2{,}8^2 - 2 \cdot 2{,}5 \cdot 2{,}8 \cos 156{,}5°$; $e = 5{,}19$.

L 13 $\cos\alpha = \frac{a^2 + d^2 - f^2}{2\,ad}$; $\cos\delta = \cos(180° - \alpha) = -\cos\alpha$;

$e^2 = c^2 + d^2 - 2cd \cdot \cos\delta = c^2 + d^2 + c\,\frac{a^2 + d^2 - f^2}{a}$; $e = 6{,}19$.

L 14 $f^2 = a^2 + d^2 - 2\,ad\cos\alpha = 5{,}7^2 + 2{,}9^2 - 2 \cdot 5{,}7 \cdot 2{,}9 \cdot \cos 92°$;
$f = 6{,}48$.

$\cos\gamma = \frac{b^2 + c^2 - f^2}{2\,bc}$; $\gamma = 85{,}4°$.

$\sin\beta_1 = \frac{d\sin\alpha}{f}$; $\beta_1 = 26{,}5°$ $(d < f)$.

$\sin\beta_2 = \frac{c \cdot \sin\gamma}{f}$; $\beta_2 = 29{,}5°$.

$\beta = \beta_1 + \beta_2 = 56{,}0°$; $\delta = 360° - \alpha - \beta - \gamma = 126{,}5°$.

L 15

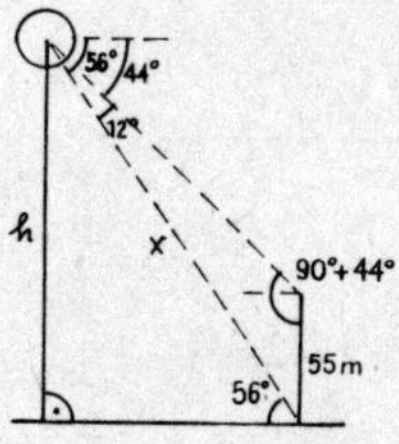

$x = \frac{55 \cdot \sin 134°}{\sin 12°}$; $h = x \cdot \sin 56° = 158$.

Der Ballon ist 158 m hoch.

L 16 In △ ABC:

$\gamma = 180° - \alpha_1 - \beta_1 = 5{,}8°$;

$$b_1 = \frac{c \cdot \sin \beta_1}{\sin \gamma} = 295.$$

In △ ABD:

$\delta = 180° - \alpha_2 - \beta_2 = 4{,}4°$;

$$b_2 = \frac{c \sin \beta_2}{\sin \delta} = 385.$$

$|CD|^2 = b_1^2 + b_2^2 - 2\, b_1\, b_2 \cos(\alpha_1 - \alpha_2)$; $|CD| = 127$ m.

Übungen zu Programm L

1 $\sin \gamma = \dfrac{c \cdot \sin \beta}{b}$; $\gamma_1 = 44{,}1°$; $\gamma_2 = 135{,}9°$.

Der zweite Winkel scheidet wegen $c < b$, oder weil $\gamma_2 + \beta > 180°$ wäre, aus.

---

2 $b^2 = a^2 + c^2 - 2\,a\,c \cdot \cos \beta = 2{,}3^2 + 4{,}7^2 - 2 \cdot 2{,}3 \cdot 4{,}7 \cdot \cos 131°$;

$b = 6{,}45$.

---

3 a) $\sin \beta = \dfrac{b \sin \alpha}{a} = 0{,}9489 < 1$.

Da $\sin \beta < 1$ und $b > a$ ist, gibt es zwei Winkel und damit auch zwei Dreiecke.

b) $\sin \gamma = \dfrac{c \sin \beta}{b} = \dfrac{6{,}3}{5{,}6} \cdot 0{,}9998 = 1{,}12 > 1$.

Die Aufgabe hat keine Lösung.

---

4 $c^2 = a^2 + b^2 - 2\,ab \cos \gamma$;

$$\cos \gamma = \frac{a^2 + b^2 - c^2}{2\,ab} = \frac{5{,}4^2 + 3{,}9^2 - 5{,}6^2}{2 \cdot 5{,}4 \cdot 3{,}9};\ \gamma = 72{,}0°.$$

$\sin \beta = \dfrac{b \sin \gamma}{c}$; $\beta = 41{,}5°$; $\alpha = 66{,}5°$.

---

5 $b^2 = a^2 + c^2 - 2\,ac \cos\beta$; $b = 7{,}99$.

$\sin\alpha = \dfrac{a \sin\beta}{b}$; $\alpha = 38{,}8°$; $\gamma = 29{,}2°$.

Der stumpfe Winkel für α scheidet aus.
Flächeninhalt $A = \frac{1}{2}\, a \cdot c \cdot \sin\beta = 10{,}51$.

---

6 a) $c^2 = a^2 + b^2 - 2\,ab \cos\gamma = 4 + 9 - 12 \cdot \cos 11°$; $c = 1{,}10$.

$\sin\alpha = a \cdot \dfrac{\sin\gamma}{c}$; $\alpha = 20{,}2°$..

Der stumpfe Winkel scheidet aus, weil α der kleineren der Seiten a und b gegenüberliegt.

$\beta = 148{,}8°$.

b) $\alpha = 100°$; $c = \dfrac{a \cdot \sin\gamma}{\sin\alpha} = 3{,}65$; $b = \dfrac{a \sin\beta}{\sin\alpha} = 2{,}07$.

7

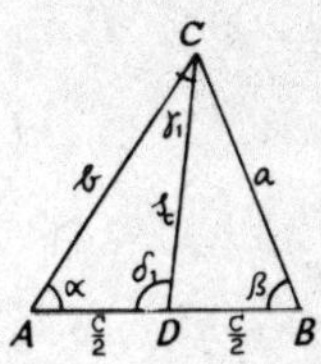

$\sin\gamma_1 = \dfrac{c}{2} \cdot \dfrac{\sin\alpha}{s_c}$; $\gamma_1 = 28{,}1°$;

$\delta_1 = 180° - \alpha - \gamma_1 = 94{,}9°$.

$b^2 = \left(\dfrac{c}{2}\right)^2 + s_c^2 - 2 \cdot \dfrac{c}{2}\, s_c \cdot \cos\delta_1$; $b = 4{,}75$.

$a^2 = \left(\dfrac{c}{2}\right)^2 + s_c^2 - 2 \cdot \dfrac{c}{2} \cdot s_c \cdot \cos(180° - \delta_1)$; $a = 4{,}42$.

$\sin\gamma = \dfrac{c \cdot \sin\alpha}{a}$; $\gamma = 58{,}6°$; $\beta = 64{,}4°$.

8

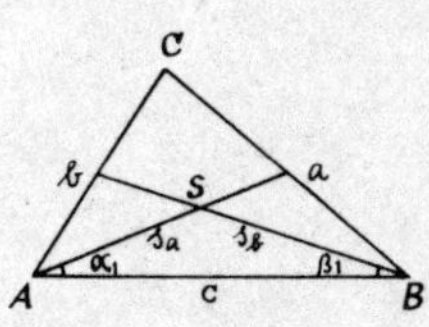

Dreieck ABS ist bestimmt durch $c = 4{,}2$; $\frac{2}{3}\, s_a = 2{,}2$; $\frac{2}{3}\, s_b = 2{,}6$.

$\cos\alpha_1 = \dfrac{4{,}2^2 + 2{,}2^2 - 2{,}6^2}{2 \cdot 4{,}2 \cdot 2{,}2}$; $\alpha_1 = 31{,}7°$.

$$\left(\frac{a}{2}\right)^2 = s_a^2 + c^2 - 2\,s_a\,c \cdot \cos\alpha_1\,; \quad \frac{a}{2} = 2{,}22\,; \quad a = 4{,}45\,.$$

$$\sin\beta = \frac{s_a \cdot \sin\alpha_1}{\frac{a}{2}}\,; \quad \beta = 51{,}2^\circ \text{ (In } \triangle ABD \text{ ist } s_a < c).$$

$$b^2 = a^2 + c^2 - 2\,ac \cdot \cos\beta\,; \quad b = 3{,}75$$

$$\sin\gamma = \frac{c \cdot \sin\beta}{b}\,; \quad \gamma = 60{,}9^\circ\,; \quad \alpha = 67{,}8^\circ\,.$$

9

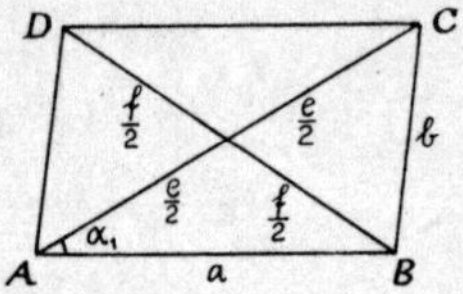

$$\cos\alpha_1 = \frac{a^2 + e^2 - b^2}{2\,ae} = \frac{a^2 + \left(\frac{e}{2}\right)^2 - \left(\frac{f}{2}\right)^2}{2 \cdot a \cdot \frac{e}{2}}$$

Multiplikation mit 2 ae ergibt

$$a^2 + e^2 - b^2 = 2\,a^2 + \frac{e^2}{2} - \frac{f^2}{2}; \quad b^2 = \frac{e^2 + f^2}{2} - a^2\,; \quad b = 2{,}57.$$

10

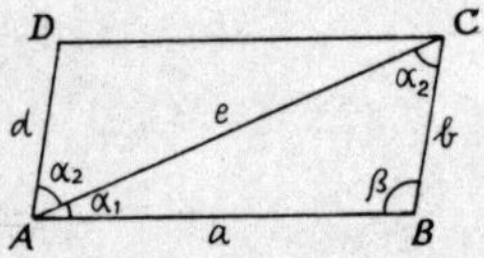

$$a = \frac{5 \cdot \sin 57{,}5^\circ}{\sin 99{,}5^\circ} = 4{,}28\,;$$

$$b = \frac{5 \cdot \sin 23^\circ}{\sin 99{,}5^\circ} = 1{,}98\,.$$

11

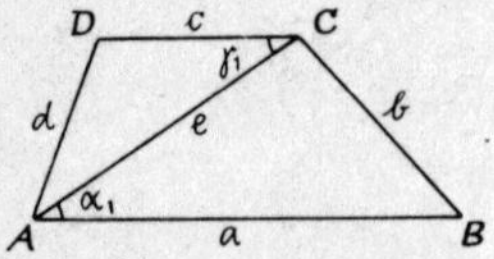

$$\gamma_1 = \alpha_1\,; \quad \cos\alpha_1 = \cos\gamma_1 = \frac{c^2 + e^2 - d^2}{2\,ce} = \frac{a^2 + e^2 - b^2}{2\,ae}\,.$$

$$b^2 = a^2 + e^2 - \frac{a}{c}(c^2 + e^2 - d^2) =$$
$$= 7{,}2^2 + 5{,}4^2 - \frac{7{,}2}{3{,}4}(3{,}4^2 + 5{,}4^2 - 3{,}2^2);\ b = 4{,}06\ .$$

---

12 $\gamma = 180° - \alpha$, also $\cos\gamma = -\cos\alpha$.

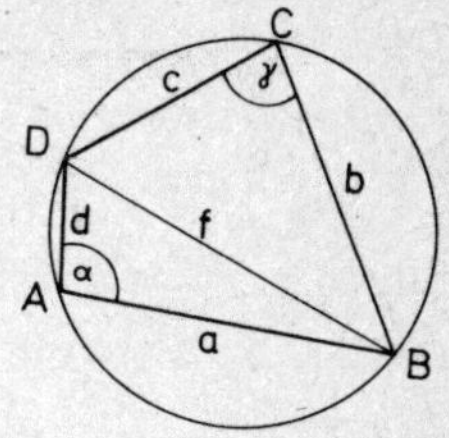

$f^2 = a^2 + d^2 - 2ad\cos\alpha$;

$f^2 = b^2 + c^2 - 2bc\cos\gamma = b^2 + c^2 + 2bc\cos\alpha$;

$a^2 + d^2 - 2ad\cos\alpha = b^2 + c^2 + 2bc\cos\alpha$;

$$\cos\alpha = \frac{a^2 + d^2 - b^2 - c^2}{2(ad + bc)}\ .$$

---

13 $e^2 = a^2 + b^2 - 2ab\cos\beta \Rightarrow e$;

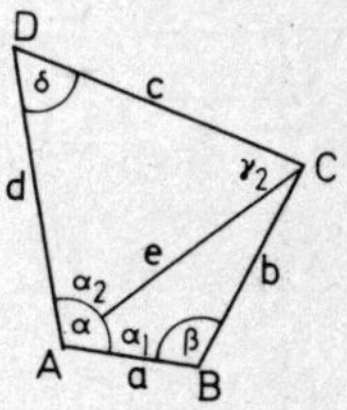

$b^2 = a^2 + e^2 - 2ae\cos\alpha_1$

$$\cos\alpha_1 = \frac{a^2 + e^2 - b^2}{2ae} \Rightarrow \alpha_1\ ;$$

$\alpha_2 = \alpha - \alpha_1$;

$\sin\delta = \frac{e}{c}\sin\alpha_2 \Rightarrow \delta$ (evtl. 2 Lös.);

$\gamma_2 = 180° - \delta - \alpha_2$;

$$d = \frac{c\sin\gamma_2}{\sin\alpha_2}\ .$$

---

14 $\sin\alpha = \dfrac{w\sin 110°}{v}$; $\alpha = 22°$.

15

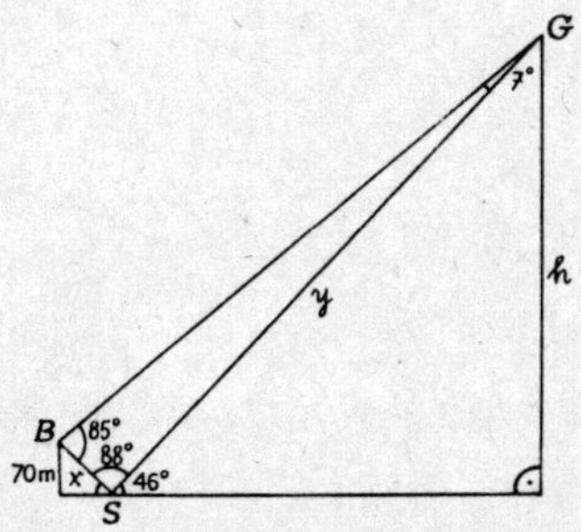

$$x = \frac{70}{\sin 46°}\ ; \quad y = \frac{x \cdot \sin 85°}{\sin 7°} = \frac{70 \cdot \sin 85°}{\sin 7° \cdot \sin 46°}\ ;$$

$$h = y \cdot \sin 46° = \frac{70 \cdot \sin 85°}{\sin 7°} = 572.$$

Der Gipfel liegt 572 m über dem See.

Test IV

Aufgabe K

1. $\vec{AB} = \begin{pmatrix} -8 \\ 22 \end{pmatrix}, \quad \vec{BC} = \begin{pmatrix} 19 \\ -18 \end{pmatrix}, \quad \vec{AC} = \begin{pmatrix} 11 \\ 4 \end{pmatrix}.$

   a) $\vec{AB} \cdot \vec{AC} = -88 + 88 = 0$, also $\sphericalangle CAB = 90°$.

   b) $\cos\beta = \dfrac{\vec{BA} \cdot \vec{BC}}{|BA| \cdot |BC|} = \dfrac{152 + 396}{\sqrt{548} \cdot \sqrt{685}}, \ \beta = 26{,}6°$.

   c) $\vec{AB}° = \dfrac{1}{\sqrt{548}} \begin{pmatrix} -8 \\ 22 \end{pmatrix} = \begin{pmatrix} -0{,}342 \\ 0{,}940 \end{pmatrix}$,

   Richtungswinkel gleich 110,0°.

2. $|PA| \cdot |PB| \doteq \vec{u} \cdot \vec{v} = \vec{u} \cdot (\vec{p} + \vec{a} + \vec{b})$

   $= \vec{u} \cdot (\vec{p} + \vec{a}) + \vec{u} \cdot \vec{b}$

   $= (\vec{a} - \vec{p})(\vec{p} + \vec{a}) + 0$

   $= \vec{a}^2 - \vec{p}^2 = r^2 - |PM|^2.$

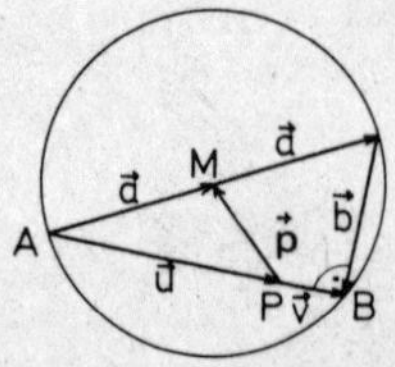

Aufgabe L

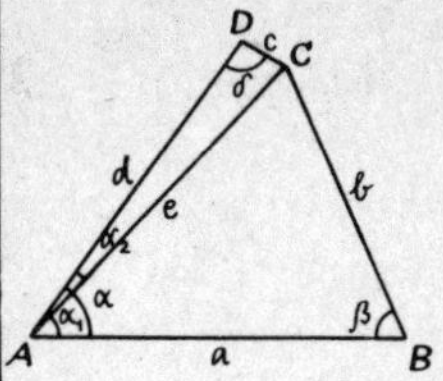

$\cos\beta = \frac{a^2 + b^2 - e^2}{2\,ab}$; $\beta = 65{,}3°$;

$\gamma = 360° - 54° - 65{,}3° - 97° = 143{,}7°$.

$\sin\alpha_1 = \frac{b \cdot \sin\beta}{e}$; $\alpha_1 = 46{,}3°$;

$\alpha_2 = \alpha - \alpha_1 = 7{,}7°$.

$c = \frac{e \sin\alpha_2}{\sin\delta} = 0{,}594$;

$\sphericalangle\, ADC = \gamma_1 = 75{,}3°$;

$d = \frac{e \sin\gamma_1}{\sin\delta} = 4{,}29$.

$A = \frac{1}{2}\ ab\ \sin\beta + \frac{1}{2}\ cd\ \sin\delta = 8{,}42$.

Programm M

M 1 Der genaue Wert des Flächeninhalts liegt zwischen 7853 und 7854 mm². Wenn Sie einen Wert zwischen 7800 und 7900 gefunden haben, dann haben Sie gut gezählt. Die Fläche ist $\frac{1}{4} \cdot (100\ mm^2) \cdot \pi =$ $2500 \cdot \pi\ mm^2$. Sie erhalten also einen Näherungswert für π, wenn Sie die Zahl der ausgezählten Millimeterquadrate durch 2500 teilen.

M 2 Der Sektor MAB hat den Mittelpunktswinkel $30° = \frac{1}{12} \cdot 360°$, also ist sein Inhalt $\frac{1}{12} r^2 \pi$. Das Dreieck MAB ist die Hälfte eines gleichseitigen Dreiecks mit der Seite r, also ist sein Inhalt $\frac{r^2}{8} \sqrt{3}$.

M 3 a) $h_0 = 1$; $h_5 = \frac{1}{2} \sqrt{3} = 0{,}866$.

b) $A_u - A_e = d\, h_0 - d\, h_5 = 0{,}0134$.

c) $h_0 = 1$; $h_{50} = 0{,}866$; $A_u - A_e = 0{,}00134$.

M 4 $A_e = 0{,}4711$; $A_u = 0{,}4845$.
$3{,}055 < \pi < 3{,}216$.

M 5 $\frac{3}{n} (2 - \sqrt{3}) < 10^{-4}$; $n > 3\,(2 - \sqrt{3}) 10^4 = 8038{,}5$.
Die Anzahl der Streifen muß mindestens 8039 sein. Der Mittelwert der Grenzen unterscheidet sich von den Grenzen um weniger als $0{,}5 \cdot 10^{-4}$. Dies ist die Genauigkeit, die man mit 8039 Streifen erreicht.

M 6 $s_{36} = 2 \cdot 1 \cdot \tan 5°$; $U_{36} = 36 \cdot s_{36} = 72 \cdot \tan 5° = 6{,}299$.
Abweichung: 0,25 % .

M 7 Fläche A = 66,0 ; Mittelwert der Umfänge u = 22,0 .
Rechtecksfläche 22,0 · 3 = 66,0.
Die Flächen sind gleich.

M 8

Gradmaß	90°	180°	30°	60°	120°	150°	270°
Bogenmaß	$\frac{\pi}{2}$	π	$\frac{\pi}{6}$	$\frac{\pi}{3}$	$\frac{2\pi}{3}$	$\frac{5\pi}{6}$	$\frac{3}{2}\pi$

M 9 a) x = 0,367 ; b) x = 1,314 ; c) x = 4,76.

M 10 a) $\varphi = 28{,}6°$ und $\varphi = 333°$.

b) Es ergibt sich das Gradmaß zu $x = 0{,}5$, also $28{,}6°$. Die Umrechnung geht nur für $-\frac{\pi}{2} < x \leqslant \frac{\pi}{2}$, weil der Rechner zu einem Sinuswert stets einen Winkel aus diesem Bereich angibt.

M 11 a) $b = 17{,}3$; b) $\varphi = \frac{180°}{\pi} \cdot \frac{b}{r} = 169°$.

M 12 $A = 10^2 \cdot \frac{40\pi}{360} = 34{,}9$.

M 13 Dreiecksfläche $A = \frac{1}{2}\, br = \frac{1}{2}\, rx \cdot r = \frac{1}{2}\, r^2 x$ = Sektorfläche.

M 14 

Segmentfläche

$A = \frac{1}{4}\, r^2 \pi - \frac{1}{2}\, r^2 = r^2 \left(\frac{\pi}{4} - \frac{1}{2}\right) = 14{,}0$.

Umfang $u = r\sqrt{2} + \frac{1}{4} \cdot 2r\pi = 20{,}9$.

M 15 A_1 = Segment zu α_1,
A_2 = Segment zu α_2.

Winkel im Bogenmaß: $x_1 = 0{,}925$; $x_2 = 2{,}18$.

$A_1 = \frac{r^2}{2}\,(x_1 - \sin x_1) = 4{,}04$;

$A_2 = \frac{r^2}{2}\,(x_2 - \sin x_2) = 43{,}6$;

$A = A_2 - A_1 = 39{,}6$.

Bruchteil der Kreisfläche: 0,197.

M 16 $r = s \cdot \sin\frac{\alpha}{2}$; $h = s \cdot \cos\frac{\alpha}{2}$; $\frac{\alpha}{2} = 53{,}5°$;

$V = \frac{1}{3}\,\pi s^3 \left(\sin\frac{\alpha}{2}\right)^2 \cdot \cos\frac{\alpha}{2} = 256$.

M 17 Bogenmaß zu 130° ist $x = 2{,}27$.

$2r\pi = s \cdot x$; $r = \frac{s\,x}{2\pi} = 5{,}42$.

Öffnungswinkel α: $\sin\frac{\alpha}{2} = \frac{r}{s}$; $\alpha = 42{,}3°$.

Höhe $h = s \cdot \cos\frac{\alpha}{2} = 14{,}0$.

Mantelfläche $M = \frac{s^2 \cdot x}{2} = 255$.

M 18 $\tan(x + \pi) = \tan x$.

M 19 a) $\sin\varphi = \sin(180° - \varphi)$. b) Man verwendet die Formel, um die Sinuswerte stumpfer Winkel zu berechnen.

M 20 $\cos x = \sin\left(\frac{\pi}{2} - x\right)$.

Übungen zu Programm M

1 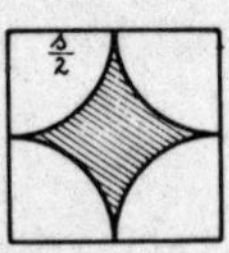

$u = 4 \cdot \frac{1}{4}\, s\pi = s\pi = 31{,}4$.

$A = s^2 - 4 \cdot \frac{1}{4}\left(\frac{s}{2}\right)^2 \pi = s^2 - \frac{s^2}{4}\pi =$

$100 - 78{,}5 = 21{,}5$.

---

2 Ringfläche $A = 20{,}2^2 \cdot \pi - 20^2\pi = 8{,}04\pi = 25{,}2\ldots$;
a) $40\pi \cdot 0{,}2 = 8{,}00\pi$; Fehler $= 0{,}04\pi = 0{,}1\ldots$;
b) $40{,}4\pi \cdot 0{,}2 = 8{,}08\pi$; Fehler $= 0{,}04\pi = 0{,}1\ldots$;
c) $40{,}2\pi \cdot 0{,}2 = 8{,}04\pi$ ist genau.

3

$A = \text{gleichseitiges Dreieck} - 3 \cdot \frac{1}{6} \cdot \text{Kreis}$

$= \frac{d^2}{4}\sqrt{3} - \frac{1}{2} \cdot \left(\frac{d}{2}\right)^2 \pi = \frac{d^2}{4}\left(\sqrt{3} - \frac{\pi}{2}\right) =$

$= 64\,(1{,}732 - 1{,}571)$

$= 64 \cdot 0{,}161 = 10{,}3$.

---

4 Bogenmaß = $\frac{1{,}5}{2} = 0{,}75$.

---

5 $x_1 = 0{,}3316$; $x_2 = 0{,}2758$; $x_3 = 1{,}9862$; $x_4 = 4{,}7298$; $x_5 = 9{,}0059$.

---

6 $\varphi_1 = 114{,}6°$; $\varphi_2 = 200{,}5°$; $\varphi_3 = 7{,}3°$; $\varphi_4 = 694{,}4°$.

---

7 a) $\sin\left(\frac{\pi}{2} + x\right) = \cos x$; b) $\cos\left(\frac{3}{2}\pi - x\right) = -\sin x$;

c) $\sin\left(\frac{\pi}{4} + x\right) = \cos\left(\frac{\pi}{4} - x\right)$.

---

8 Die beiden kürzeren Bögen:

$x = 0{,}838$; $b = r\,x = 3{,}35$.

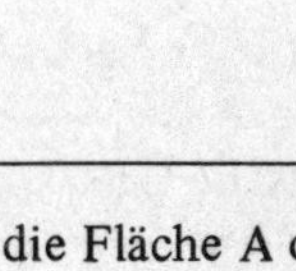

Die beiden längeren Bögen:

$x' = 2{,}304$; $b' = r\,x' = 9{,}22$.

---

9 $x = 2{,}05$; $u = r + r + rx = r\,(2 + x) = 52{,}7$.

$A = \frac{1}{2}\,r^2\,x = 173$.

---

10 Die Aufgabe ist nicht eindeutig. Es ist die Fläche A oder die Fläche A′ zu berechnen:

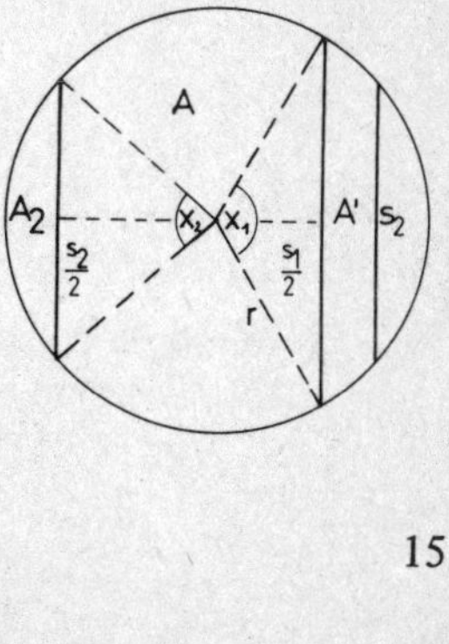

$\sin\frac{1}{2}x_1 = \frac{s_1}{2r}$; $x_1 = 1{,}55$;

$\sin\frac{1}{2}x_2 = \frac{s_2}{2r}$; $x_2 = 0{,}609$;

Segment $A_1 = \frac{1}{2}\,r^2\,(x_1 - \sin x_1) = 27{,}5$;

Segment $A_2 = \frac{1}{2} r^2 (x_2 - \sin x_2) = 1{,}85;$

$A = r^2\pi - A_1 - A_2 = 285$; $A' = A_1 - A_2 = 25{,}7$.

---

11 $\tan \frac{1}{2} x_1 = \frac{5}{8}$; $x_1 = 1{,}12$;

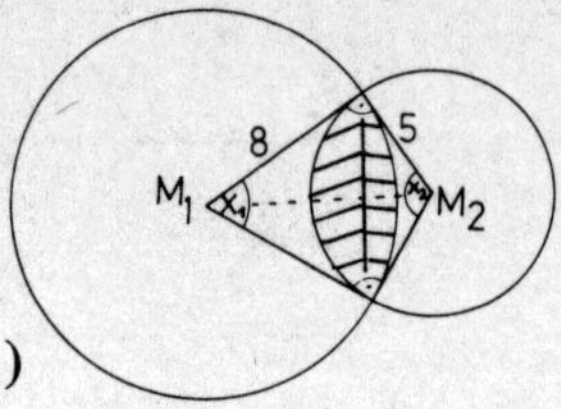

$x_2 = \pi - x_1 = 2{,}02.$

A = Segment zu x_1 + Segment zu x_2

$= \frac{1}{2} r_1^2 (x_1 - \sin x_1) + \frac{1}{2} r_2^2 (x_2 - \sin x_2)$

$= 21{,}1.$

---

12 a) $x = 0{,}611$; $u = 2(R - r) + R x + r x = 17{,}6$;

$A = \frac{1}{2} R^2 x - \frac{1}{2} r^2 x = \frac{x}{2} (R^2 - r^2) = 17{,}4$.

b) Trapezfläche $= \frac{R x + r x}{2} (R - r) = \frac{1}{2} x (R^2 - r^2)$

= Fläche des Kreisringsektors.

c)

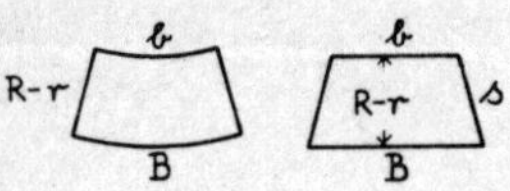

Die Trapezschenkel s sind größer als R – r, also ist auch der Trapezumfang größer.

---

13 $2r + rx = 2r\pi$; $x = 2\pi - 2 = 4{,}28$; $\varphi = 245°$.

---

14 Quadratseite $= r\sqrt{2}$; $rx = r\sqrt{2}$; $x = \sqrt{2}$; $\varphi = 81°$.

---

15 $\sin 29° = \frac{r}{s}$;

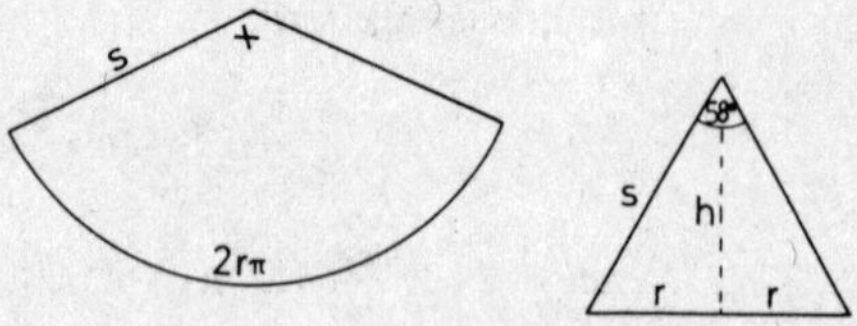

$s \cdot x = 2 r \pi$, also

$x = 2\pi \frac{r}{s} = 2\pi \cdot \sin 29°$;

$x = 3{,}05$,
im Gradmaß 175°.

---

16 $\pi r s = 2 \pi r^2$; $s = 2r$; $h = \sqrt{s^2 - r^2} = r\sqrt{3}$.

$V = \frac{1}{3} \pi r^2 h = \frac{1}{3} \pi r^3 \sqrt{3}$.

Programm N

N 1

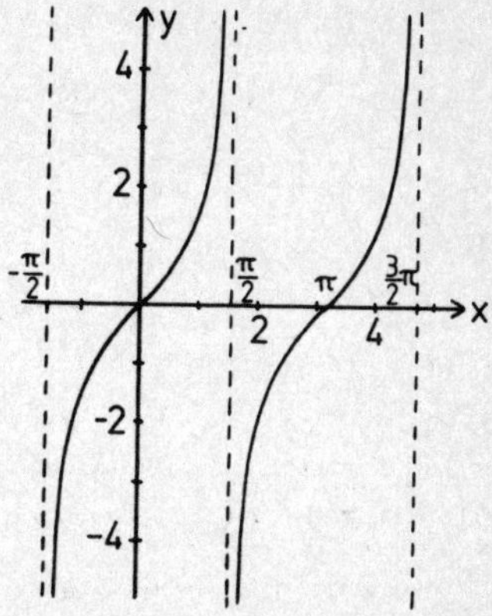

N 2

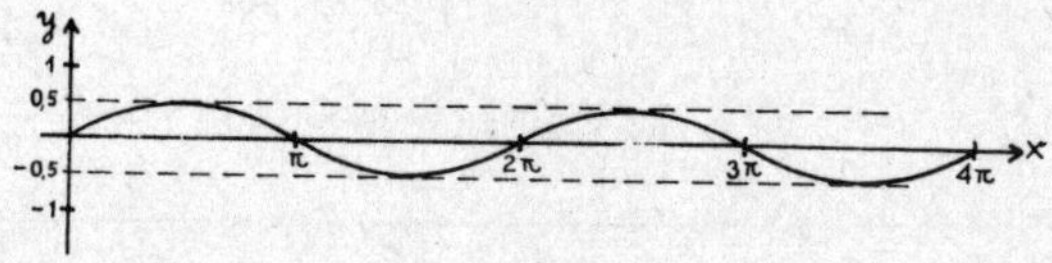

Parameter zwischen 0 und 1 stauchen die Kurve in y-Richtung. Die Amplitude wird verkleinert.

N 3

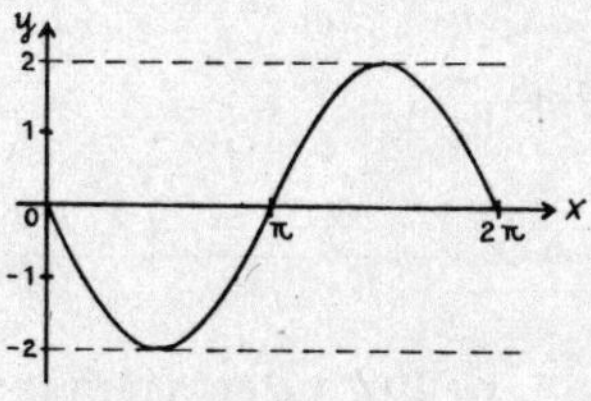

Der Parameter – 2 verdoppelt die Amplitude und spiegelt die Kurve an der x-Achse.

N 4

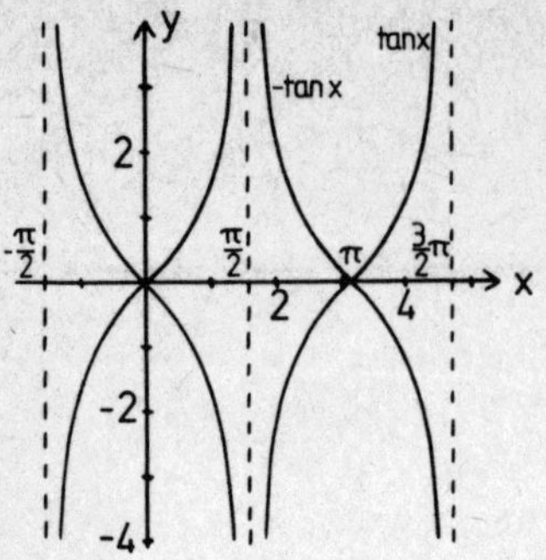

Die Konstante – 1 spiegelt die Tangens-Kurve an der x-Achse.

N 5

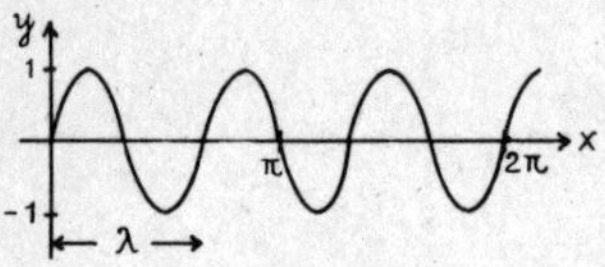

Die Konstante 3 verkürzt die Wellenlänge auf $\frac{2\pi}{3}$.

N 6

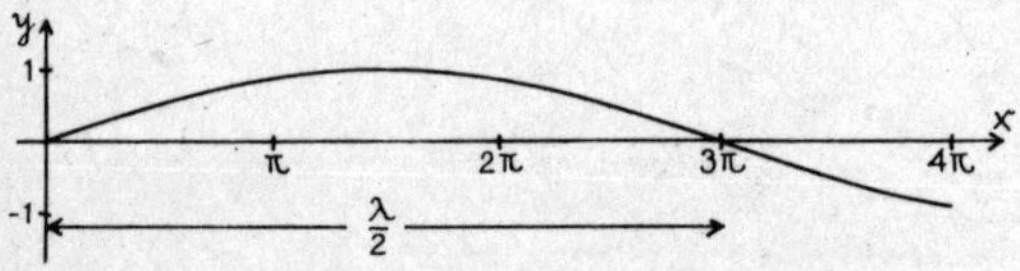

Der Parameter $\frac{1}{3}$ vergrößert die Wellenlänge auf das Dreifache von 2π.

N 7 $y = \cos \frac{2\pi}{7{,}2} \cdot x.$

N 8

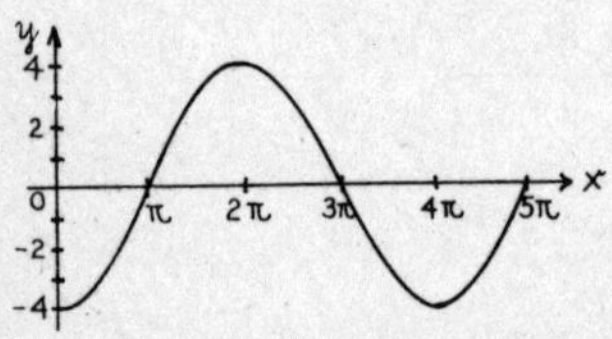

N 9

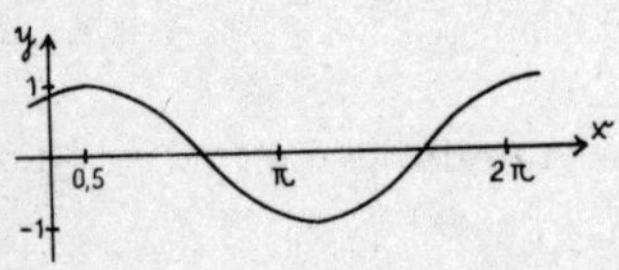

Der Parameter verschiebt die Kurve um 0,5 nach rechts.

N 10 a) Um $\frac{\pi}{2}$.

b) $\cos\left(x - \frac{\pi}{2}\right) = \sin x$.

N 11

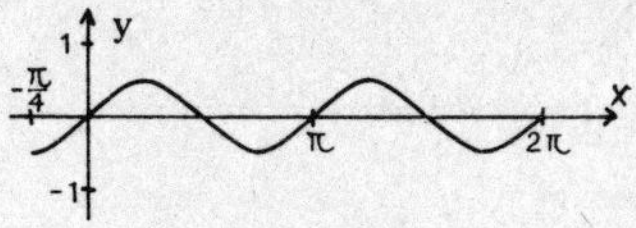

Der Parameter $-\frac{1}{2}$ verkleinert die Amplitude auf $\frac{1}{2}$ und spiegelt an der x-Achse.
Der Parameter 2 verkürzt die Wellenlänge auf die Hälfte, und $\frac{\pi}{4}$ verschiebt die Kurve um $\frac{\pi}{4}$ nach links.

N 12 $y = \sin\left(\frac{x}{2} - \frac{\pi}{4}\right) = \sin \frac{1}{2}\left(x - \frac{\pi}{2}\right)$.

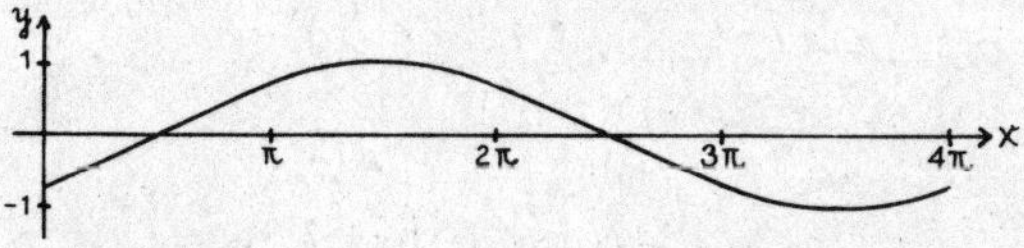

Übungen zu Programm N

1 n + 1 Wellenlängen der Länge 6 gleich n Wellenlängen der Länge 2π:
$(n+1)\,6 = n \cdot 2\pi$; $n(2\pi - 6) = 6$; $n = 21{,}2$.

2

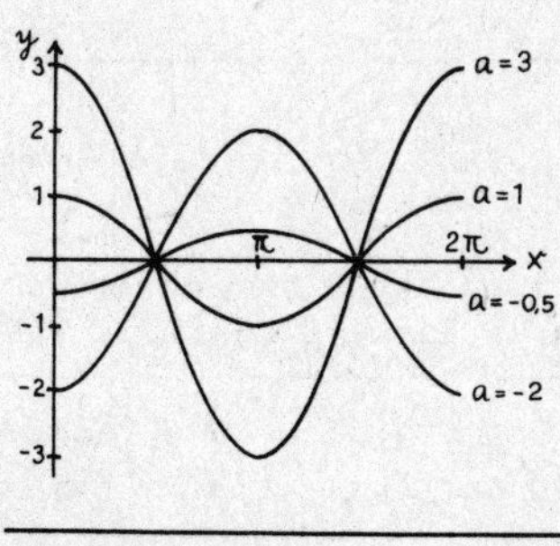

a = 0: Kurve gleich x-Achse.

---

3 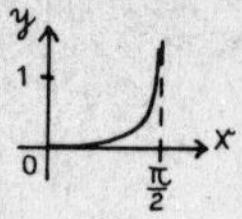

---

4 a) b = 10 ; b) $b = \frac{1}{0{,}75} = 1{,}33.$

---

5 $y = \sin \frac{2\pi}{\frac{\pi}{2}} \cdot x = \sin 4x.$

---

6 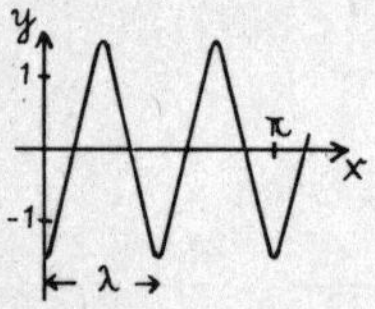

---

7 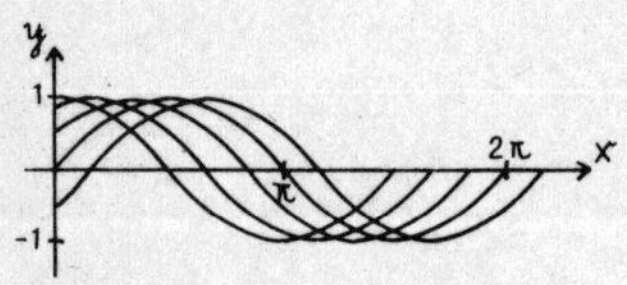

---

8 a) 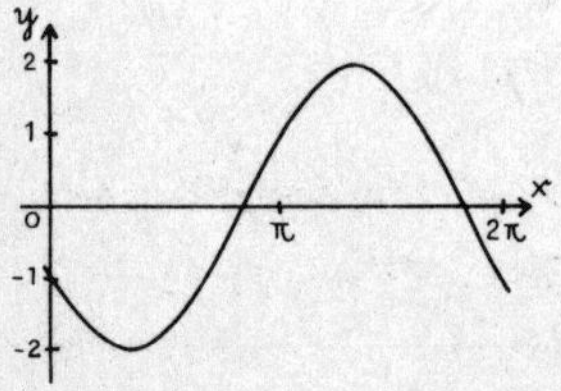

b) 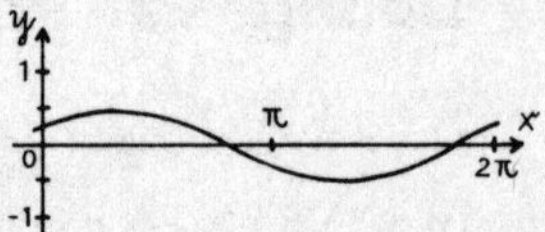

---

9 a) $\lambda = \frac{2\pi}{0{,}4} = 15{,}7$; A = 2,4 ; $x_0 = \frac{-0{,}3}{0{,}4} = -0{,}75.$

b) $\lambda = \frac{2\pi}{5} = 1{,}26$; A = 0,8 ; $x_0 = 0{,}4$.

---

10 a) Periode = Wellenlänge = $\frac{2\pi}{1{,}8} = 3{,}49$; b) $\frac{\pi}{3{,}5} = 0{,}898$.

---

11 $y = 2 \cdot \sin \frac{2\pi}{0{,}5\pi}(x - 0{,}5\pi) = 2 \sin 4(x - 0{,}5\pi).$

12 $y = 3 \cdot \sin 5\pi\left(x + \frac{3\pi}{2}\right).$

Programm O

O 1

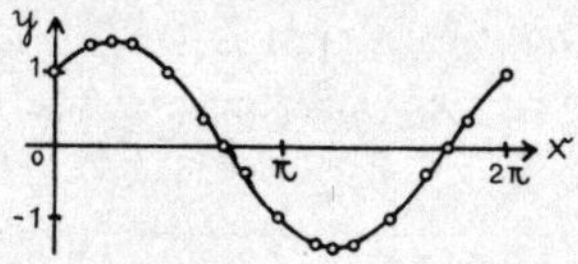

O 2

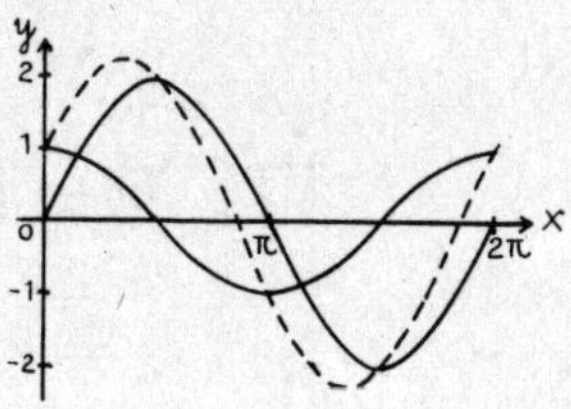

O 3

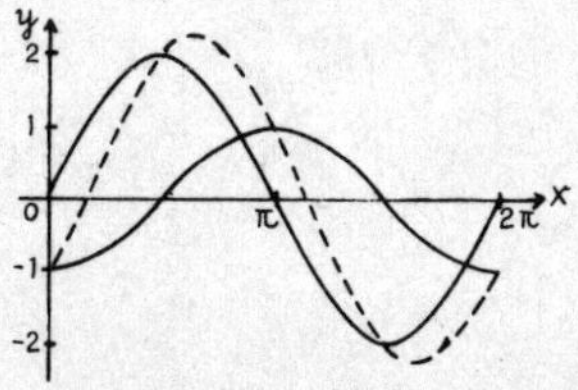

O 4

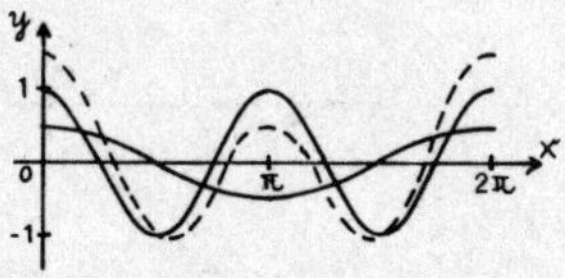

O 5 Die Kurve ist eine nach rechts verschobene Sinuskurve mit einer Amplitude von ungefähr 1,4.

Übungen zu Programm O

1

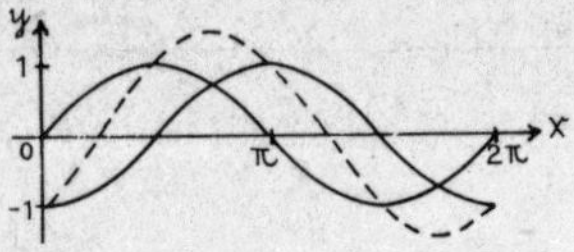

2

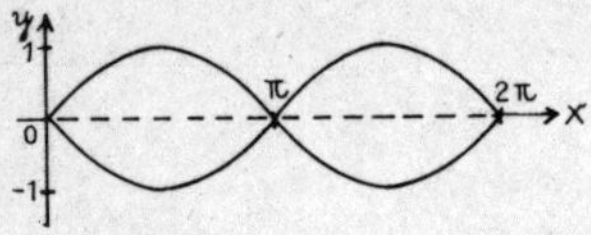

Die beiden Kurven heben sich bei der Überlagerung gegenseitig auf. Es entsteht die x-Achse.

3

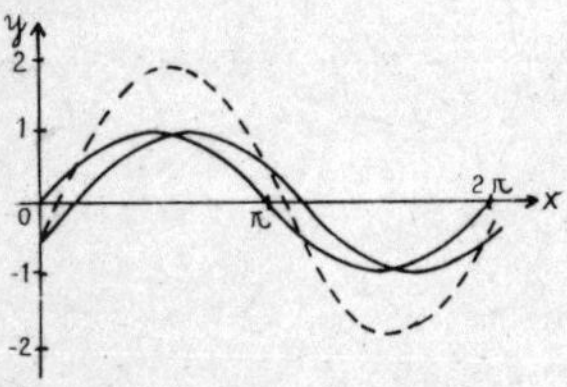

4

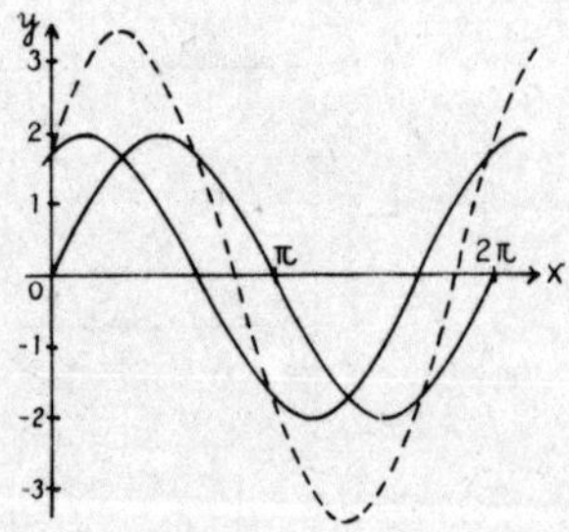

5

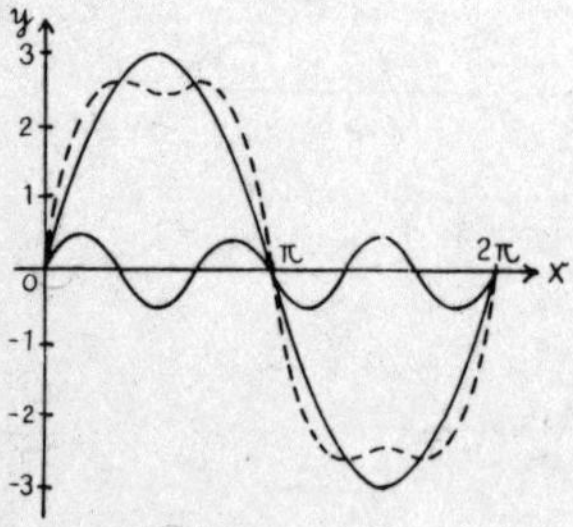

6

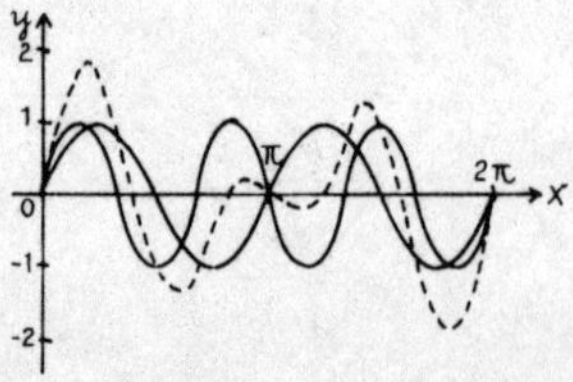

7

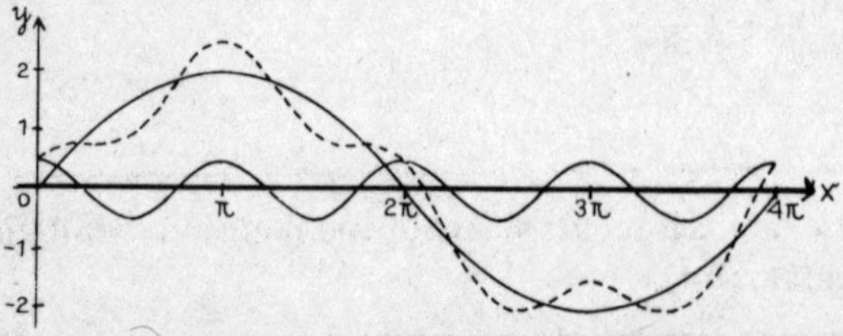

Test V

Aufgabe M

a) $2r + rx = u$

Bogenmaß: $x = \frac{u - 2r}{r} = 2{,}5$; Gradmaß $\varphi = 143°$.

b) $A = \frac{1}{2} r^2 (x - \sin x) = 60{,}8$.

Aufgabe N

a) $y = -3 \cos \frac{2\pi}{0{,}9} x = -3 \cos 6{,}98\, x$;

b) $y = -3 \cos 6{,}98 (x + 0{,}3\,\pi)$.

Aufgabe O

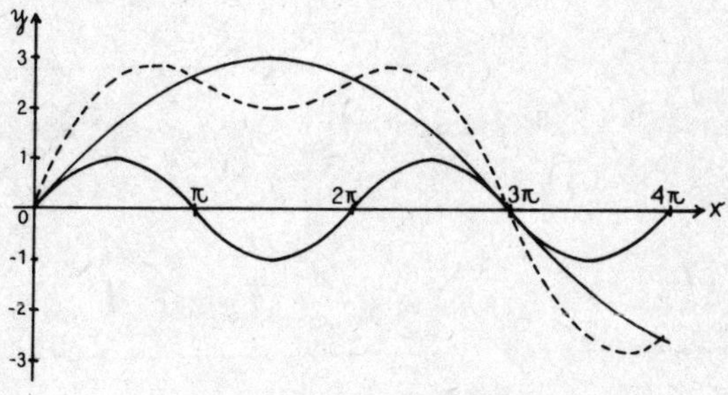

Programm P

P 1 $\cos 3{,}1 = -0{,}999$;
$\cos 0{,}7 \cdot \cos 2{,}4 - \sin 0{,}7 \cdot \sin 2{,}4 = -0{,}999$.

P 2 $\sin(\alpha - \beta) = \sin\alpha \cdot \cos(-\beta) + \cos\alpha \cdot \sin(-\beta)$,
$\sin(\alpha - \beta) = \sin\alpha \cdot \cos\beta - \cos\alpha \cdot \sin\beta$.

P 3 $\tan 75° = \tan(30° + 45°) = \dfrac{\tan 30° + \tan 45°}{1 - \tan 30° \cdot \tan 45°} = \dfrac{\frac{1}{3}\sqrt{3} + 1}{1 - \frac{1}{3}\sqrt{3} \cdot 1}$

$= \dfrac{\sqrt{3} + 3}{3 - \sqrt{3}} = \dfrac{(3 + \sqrt{3})^2}{(3 - \sqrt{3})(3 + \sqrt{3})} = \dfrac{12 + 6\sqrt{3}}{6} = 2 + \sqrt{3} = 3{,}732.$

P 4 $\tan(120° - 30°) = \tan 90°$ ist nicht definiert; der Nenner wird Null.

P 5 $\tan 2\alpha = \dfrac{2 \tan \alpha}{1 - \tan^2 \alpha}$

P 6

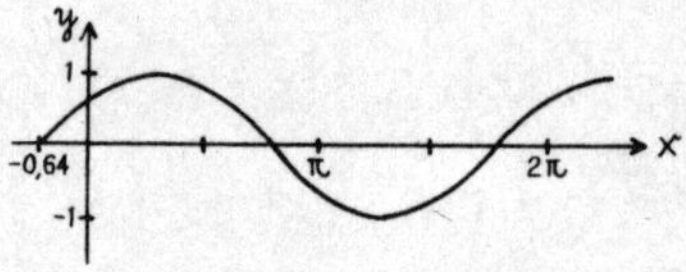

P 7 $k = \sqrt{9 + 25} = \sqrt{34}$; $\cos x_0 = \dfrac{3}{\sqrt{34}}$; $\sin x_0 = -\dfrac{5}{\sqrt{34}}$;

$x_0 = 301° = 5{,}25.$

$y = \sqrt{34} \cdot \sin(x + 5{,}25)$ oder $y = \sqrt{34} \cdot \sin(x - 1{,}03)$

P 8 $\sin \gamma - \sin \delta = 2 \cos \dfrac{\gamma + \delta}{2} \cdot \sin \dfrac{\gamma - \delta}{2}.$

Übungen zu Programm P

1 $\cos 0^0 = 1 = \cos^2 \alpha + \sin^2 \alpha.$

---

2 $\tan(\alpha - \beta) = \dfrac{\tan \alpha - \tan \beta}{1 + \tan \alpha \tan \beta}.$

Ist der Nenner Null, so ist $\alpha - \beta = 90°$ oder $= -90°$.

---

3 a) $\sin(x_1 - x_2) = \sin x_1 \cdot \cos x_2 - \cos x_1 \cdot \sin x_2$;

$\sin(2{,}34 - 3{,}06) = \sin(-0{,}72) = -0{,}659$;

$\sin 2{,}34 \cdot \cos 3{,}06 - \cos 2{,}34 \cdot \sin 3{,}06 = -0{,}659.$

---

4 a) $\sin 3x = \sin(2x + x) = \sin 2x \cos x + \cos 2x \sin x =$
$2 \sin x \cos x \cdot \cos x + (\cos^2 x - \sin^2 x) \cdot \sin x =$
$2 \sin x \cos^2 x + \sin x \cos^2 x - \sin^3 x = 3 \sin x \cos^2 x - \sin^3 x.$

b) $\cos 3x = \cos 2x \cdot \cos x - \sin 2x \cdot \sin x =$
$(\cos^2 x - \sin^2 x) \cdot \cos x - 2 \sin x \cos x \cdot \sin x =$
$\cos^3 x - \sin^2 x \cos x - 2 \sin^2 x \cos x = \cos^3 x - 3 \sin^2 x \cos x.$

---

5 $k = \sqrt{4 + 16} = \sqrt{20} = 2 \cdot \sqrt{5}.$

$\cos x_0 = \frac{1}{\sqrt{5}} = 0{,}447; \qquad \sin x_0 = -\frac{2}{\sqrt{5}} = -0{,}894;$

$x_0 = -1{,}107;$

$y = \sqrt{20} \sin(x - 1{,}107).$

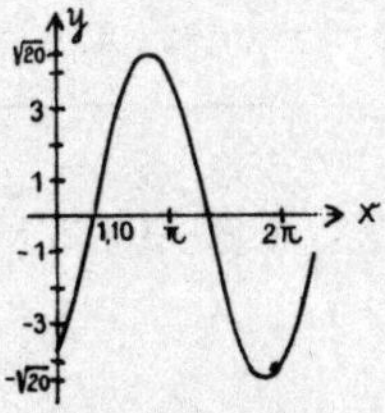

---

6 $\cos(\alpha - \beta) - \cos(\alpha + \beta) = 2 \sin \alpha \cdot \sin \beta;$

$\cos \delta - \cos \gamma = 2 \sin \frac{\gamma + \delta}{2} \cdot \sin \frac{\gamma - \delta}{2}.$

Programm Q

Q 1 $3x = z; \quad z = -0{,}464 + k\pi; \quad x = -0{,}155 + k\frac{\pi}{3}.$

$\mathbb{L} = \left\{-0{,}155 + k\frac{\pi}{3} \mid k \in \mathbb{Z}\right\}.$

Q 2 $2x = z$; $\tan z < 1$; $-\frac{\pi}{2} + k\pi < z < \frac{\pi}{4} + k\pi$.

$\mathbb{L} = \left\{x \mid -\frac{\pi}{4} + k\frac{\pi}{2} < x < \frac{\pi}{8} + k\frac{\pi}{2};\ k \in \mathbb{Z}\right\}$.

Q 3 $\tan x = \frac{5}{3}$; $x = -1{,}03 + k\pi$.
$\mathbb{L} = \{-1{,}03 + k\pi \mid k \in \mathbb{Z}\}$.

Q 4 Da $\sin 2x$ für $\frac{\pi}{4} < x < \frac{\pi}{2}$ stets positiv, $\cos 2x$ jedoch negativ ist, gilt die Ungleichung für alle x des Intervalls.

Q 5 $\cos z = -0{,}3$;
$z = 1{,}875 + k \cdot 2\pi$ oder $z = 4{,}408 + k \cdot 2\pi$; $k \in \mathbb{Z}$.
$x = 0{,}625 + k \cdot \frac{2\pi}{3}$ oder $x = 1{,}469 + k \cdot \frac{2\pi}{3}$; $k \in \mathbb{Z}$.

Q 6 $\sin z = 0{,}3 \Rightarrow z_1 = 0{,}305$; $z_2 = 2{,}837$; $z_3 = 6{,}588$;
$\sin z < 0{,}3 \Rightarrow 2{,}837 + k \cdot 2\pi < z < 6{,}588 + k \cdot 2\pi$;

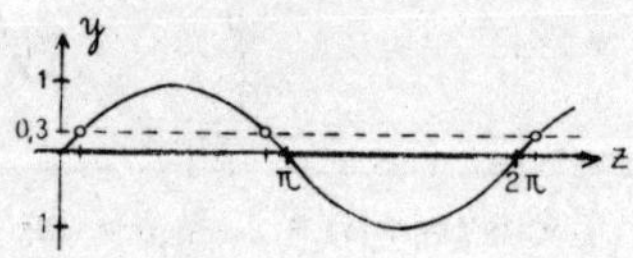

$\mathbb{L} = \{x \mid 14{,}2 + k \cdot 10\pi < x < 32{,}9 + k \cdot 10\pi;\ k \in \mathbb{Z}\}$.

Q 7 $z = 2{,}5x - 3{,}6$; $\tan z < 0$;

$-\frac{\pi}{2} + k\pi < z < k\pi$;

$-\frac{\pi}{2} + k\pi < 2{,}5x - 3{,}6 < k\pi$;

$2{,}029 + k\pi < 2{,}5x < 3{,}6 + k\pi$;
$\mathbb{L} = \{x \mid 0{,}812 + k \cdot 1{,}257 < x < 1{,}440 + k \cdot 1{,}257;\ k \in \mathbb{Z}\}$.

Q 8 $\sin x \cos x = \frac{1}{2}\sin 2x = 0$; $\sin 2x = 0$; $2x = z$; $\sin z = 0$;
$z = 0 + k\pi$; $x = 0 + k \cdot \frac{\pi}{2}$; $\mathbb{L} = \left\{k\frac{\pi}{2} \mid k \in \mathbb{Z}\right\}$.

Q 9 $\tan^2 x = 4;$

$\tan x = -2 \Rightarrow x = -1{,}107 + k\pi$; $\tan x = 2 \Rightarrow x = 1{,}107 + k\pi$.

$\mathbb{L} = \{-1{,}107 + k\pi; 1{,}107 + k\pi \mid k \in \mathbb{Z}\}$.

Q 10 $\cos x (\cos x - 1) = 0$

$\cos x = 0 \Rightarrow x = \frac{\pi}{2} + k\pi$; $\cos x = 1 \Rightarrow x = 0 + 2\,k\pi$.

$\mathbb{L} = \left\{\frac{\pi}{2} + k\pi \; ; \; k \cdot 2\pi \mid k \in \mathbb{Z}\right\}$.

Q 11 $2\cos^2 x - (1 - \cos^2 x) = \cos x$;
$3\cos^2 x - \cos x - 1 = 0$;
$\cos x = 0{,}768$ oder $\cos x = -0{,}434$;
$\mathbb{L} = \{0{,}696 + k \cdot 2\pi\,; -0{,}696 + k \cdot 2\pi\,; 2{,}02 + k \cdot 2\pi\,;$
$-2{,}02 + k \cdot 2\pi \mid k \in \mathbb{Z}\}$.

Q 12 $2\sin x \cos x - \cos x = 0$; $\cos x (2\sin x - 1) = 0$.

$\cos x = 0 \Rightarrow x = \frac{\pi}{2} + k\pi$.

$\sin x = \frac{1}{2} \Rightarrow x = 0{,}524 + k \cdot 2\pi\,; x = 2{,}618 + k \cdot 2\pi$;

$\mathbb{L} = \left\{\frac{\pi}{2} + k\pi\,; 0{,}524 + k \cdot 2\pi\,; 2{,}618 + k \cdot 2\pi \mid k \in \mathbb{Z}\right\}$.

Übungen zu Programm Q

1 a) $2x = z$; $z = \pi + 2\,k\pi$; $\mathbb{L} = \left\{\frac{\pi}{2} + k\pi \mid k \in \mathbb{Z}\right\}$

b) $3x = z$; $z = 0{,}675 + k\pi$; $\mathbb{L} = \left\{0{,}225 + k\frac{\pi}{3} \mid k \in \mathbb{Z}\right\}$.

---

2 a) $2x + 0{,}4 = z$; $\sin z = 0{,}4$;
$z = 0{,}412 + k \cdot 2\pi$; $z = 2{,}730 + k \cdot 2\pi$;
$2x + 0{,}4 = 0{,}412 + k \cdot 2\pi\,; 2x + 0{,}4 = 2{,}730 + k \cdot 2\pi$;
$x = 0{,}006 + k \cdot \pi$; $x = 1{,}165 + k \cdot \pi$.
$\mathbb{L} = \{0{,}006 + k \cdot \pi\,; 1{,}165 + k \cdot \pi \mid k \in \mathbb{Z}\}$.

b) $0{,}6\,x - 2 = z$; $\tan z = 1{,}5$.
$z = 0{,}983 + k \cdot \pi$;
$\mathbb{L} = \{4{,}97 + k \cdot 5{,}24 \mid k \in \mathbb{Z}\}$.

---

3 $\tan x = -\frac{3}{2}$; $x = 2{,}16 + k\pi$; $L = \{2{,}16 + k\pi \mid k \in \mathbb{Z}\}$.

---

4 a) $\mathbb{L} = \{x \mid -0{,}253 + k \cdot 2\pi < x < 3{,}394 + k \cdot 2\pi;\, k \in \mathbb{Z}\}$.

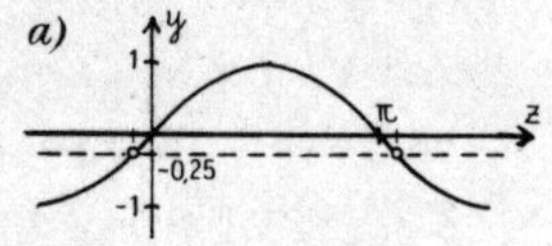

b) $2x = z$; $\cos z > 0{,}2$.

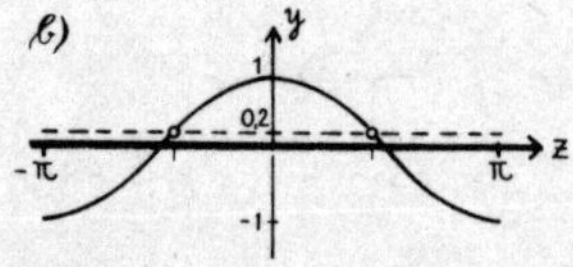

$-1{,}369 + k \cdot 2\pi < z < 1{,}369 + k \cdot 2\pi$;
$-0{,}685 + k\pi < x < 0{,}685 + k\pi$.
$\mathbb{L} = \{x \mid -0{,}685 + k\pi < x < 0{,}685 + k\pi;\, k \in \mathbb{Z}\}$.

c) $2x - 3 = z$; $-1{,}5 < \tan z < 2$.
$-0{,}983 + k \cdot \pi < z < 1{,}107 + k \cdot \pi$;
$2{,}017 + k \cdot \pi < 2x < 4{,}107 + k \cdot \pi$;
$\mathbb{L} = \{x \mid 1{,}009 + k \cdot \frac{\pi}{2} < x < 2{,}054 + k \cdot \frac{\pi}{2};\, k \in \mathbb{Z}\}$.

---

5 a) $\frac{\sin x}{\cos x} = \sin x$; $\sin x \left(\frac{1}{\cos x} - 1\right) = 0$.

$\sin x = 0 \Rightarrow x = k \cdot \pi$.
$\cos x = 1 \Rightarrow x = k \cdot 2\pi$.
$\mathbb{L} = \{k \cdot \pi \mid k \in \mathbb{Z}\}$.

b) $\frac{\sin x}{\cos x} = \cos x$; $\sin x = \cos^2 x = 1 - \sin^2 x$; $\sin^2 x + \sin x - 1 = 0$.

$\sin x = \dfrac{-1 \pm \sqrt{1+4}}{2} = \dfrac{-1 \pm \sqrt{5}}{2}$.

Nur $\dfrac{-1+\sqrt{5}}{2}$ liegt zwischen – 1 und + 1.

$\mathbb{L} = \{0{,}666 + k \cdot 2\pi\ ;\ 2{,}475 + k \cdot 2\pi \mid k \in \mathbb{Z}\}$.

---

6 a) $4 \sin x \cos x + \cos x = 0$; $\cos x\,(4 \sin x + 1) = 0$.

$\cos x = 0 \Rightarrow x = \dfrac{\pi}{2} + k\pi$;

$\sin x = -\dfrac{1}{4} \Rightarrow x = -0{,}253 + k \cdot 2\pi$; $x = 3{,}394 + k \cdot 2\pi$.

$\mathbb{L} = \{\dfrac{\pi}{2} + k\pi ; -0{,}253 + k \cdot 2\pi\ ;\ 3{,}394 + k \cdot 2\pi \mid k \in \mathbb{Z}\}$.

b) $\dfrac{\sin 2x}{\cos 2x} = \sin x$; $\dfrac{2 \sin x \cos x}{\cos^2 x - \sin^2 x} - \sin x = 0$;

$\sin x \left(\dfrac{2 \cos x}{2 \cos^2 x - 1} - 1 \right) = 0$; $\sin x\,(2 \cos x - 2 \cos^2 x + 1) = 0$.

$\sin x = 0 \Rightarrow x = k\pi$;

$2 \cos^2 x - 2 \cos x - 1 = 0$; $\cos x = \dfrac{2 \pm \sqrt{12}}{4}$;

$x = 1{,}946 + k \cdot 2\pi$; $x = -1{,}946 + k \cdot 2\pi$.

$\mathbb{L} = \{k\pi\ ; 1{,}946 + k \cdot 2\pi\ ; -1{,}946 + k \cdot 2\pi \mid k \in \mathbb{Z}\}$.

---

7 a) , da sin x zwischen – 1 und + 1 liegt.

c) , da immer $\sin^2 x + \cos^2 x = 1$ ist.

d) , da die Summe zweier Quadrate nicht negativ sein kann.

Test VI

Aufgabe P

$y = \sqrt{13}\left(\frac{2}{\sqrt{13}} \sin x - \frac{3}{\sqrt{13}} \cos x\right)$; Formel für $\sin (x + x_0)$.

$\cos x_0 = \frac{2}{\sqrt{13}}$; $\sin x_0 = -\frac{3}{\sqrt{13}}$; $x_0 = -0{,}983$.

$y = \sqrt{13} \sin (x - 0{,}983)$.

Aufgabe Q

$3x + 0{,}4 = z$; $\tan z = \frac{2}{3}$; $z = 0{,}588 + k\pi$.

$3x + 0{,}4 = 0{,}588 + k\pi$; $3x = 0{,}188 + k\pi$; $x = 0{,}0627 + k\frac{\pi}{3}$.

$\mathbb{L} = \left\{0{,}0627 + k \cdot \frac{\pi}{3} \mid k \in \mathbb{Z}\right\}$.